Gartenmöbel & Accessoires aus Holz selbst bauen

Von Windlicht bis Hollywoodschaukel

SILKE DECKER & BIRTE GRÄSER

Gartenmöbel & Accessoires

aus Holz selbst bauen

VON WINDLICHT BIS HOLLYWOODSCHAUKEL

3

4

5

VORWORT

Sie besitzen einen Garten, ein Gärtchen oder einen Balkon und wollen
es sich dort schöner machen? Wir finden: Kaufen kann jeder, aber die
Freude an etwas Selbstgebautem ist unbezahlbar. In diesem Buch
haben wir 22 Projekte von klein, aber fein bis groß und praktisch für
Sie zusammengestellt.

Je nachdem, ob Sie Anfänger oder im Umgang mit Holz bereits geübt
sind, können Sie zuerst die kleine Einführung in die Holzkunde lesen
oder direkt mit einem der Projekte beginnen. Einige nehmen nicht
mehr als zwei Stunden in Anspruch, andere können bequem übers
Wochenende gebaut werden. Genaue Angaben zur Dauer finden Sie
bei jedem Projekt. Wie schwierig wir es einschätzen, erkennen Sie an
den Symbolen zu Beginn der Anleitung:

Für uns war dieser Sommer, in dem wir für Sie die Ideen dieses
Buches entwickelt und gebaut haben, einer der schönsten in unserem
Leben als Gartenbesitzer. Bei kühlen Getränken und leckerem Grill-
gut wurden neue Projekte geplant und abgeschlossene gefeiert. Wir
wünschen Ihnen genauso viel Spaß beim Werkeln – und danach beim
Entspannen und Genießen Ihrer neuen Gartenmöbel!

Ran ans Werkzeug und ab in den Garten!

Holzkunde

Die folgenden Informationen zum Thema Holz sowie eine kleine Werkzeugeinführung helfen Ihnen bei der Umsetzung der Projekte. Viel Spaß beim Lesen!

KAPITEL

VOM BAUMSTAMM ZUM GARTENMÖBEL

Bäume sind wertvoll. Sie sind ein unverzichtbarer Bestandteil unseres Lebensraums. Zu einem vollkommenen Garten gehört ein Baum oder zumindest die Sicht auf einen Baum.

Holz ist bei verantwortungsvoller Beforstung ein nachhaltiger Rohstoff. Je nach Baumart zeichnet sich Holz durch individuelle Eigenschaften aus. Es gibt daher eine große Auswahl an Hölzern, die für verschiedene Verwendungszwecke unterschiedlich gut geeignet sind.

Jeder Jahrring besteht aus zwei Ringen. Das Frühholz ist in der warmen Jahreszeit entstanden, das Spätholz in der wachstums-armen kälteren Jahreszeit. Das Spätholz hat einen deutlich höhe-ren Harzanteil, es ist härter und dunkler als das Frühholz.

Rinde/Borke schützt den Stamm.

Bast transportiert Nährstoffe durch den Baum.

Kambium
Dünne Wachstumsschicht

Jahrring
Wachstumsring aus Früh- und Spätholz

Mark-/Holzstrahlen
Quer zu den Jahresringen verlaufende Zellstruktur

Markröhre
Kern des Stammes

Splintholz
Meist helles, neues Holz

Kernholz
Meist dunkles, altes Holz

Holz arbeitet. Das bedeutet, dass es nach dem Auftrennen im Sägewerk sein Maß verändert. Der Fachmann sagt, es »schwindet und quillt«. Diese Bewegungen im Holz führen dazu, dass die Seitenbretter zur Stammaußenseite hin hohl und zur Stamminnenseite hin rund werden.

Bei der Holzverarbeitung muss dieses Verhalten berücksichtigt werden. Zum Herstellen von Flächen, etwa einer Tischplatte, lässt man immer abwechselnd eine rechte und eine linke Seite nach oben zeigen. Idealerweise heben sich die Schwundrichtungen gegenseitig auf und die Platte ist gerade.

Kern- oder Herzbrett
Sobald das Kernstück, die Mitte des Kernbretts, anfängt Feuchtigkeit zu verlieren, kommt es in diesem Bereich zu Rissbildung.

Mittelbrett (mit Kernholz)
Die runde Seite ist die dem Kern zugewandte.

rechte Seite

linke Seite

Seitenbrett (ohne Kernholz)
Die hohle Seite ist die dem Kern abgewandte. Die dem Kern zugewandte Seite wird rechte Seite, die dem Kern abgewandte linke Seite genannt.

Die Baumstämme werden im Allgemeinen beim
Zersägen längs zur Stammachse aufgetrennt.
Dieses Schnittholz kommt als Brett- oder Bohlenware, Kantholz oder Balken, Latten oder Leisten in
den Handel. Es kann besäumt, das heißt mit abge-
trennter Rinde, oder unbesäumt gekauft werden.

Bohle
Querschnitt
breiter als 8 cm,
dicker als 4 cm

Bretter
Querschnitt
breiter als 8 cm,
dünner als 4 cm

Balken
Querschnitt
breiter als 7 cm,
höher als 20 cm

Kantholz
Querschnitt
dünner als 6 cm,
niedriger als 20 cm

Latten
Querschnitt
dünner als 8 cm,
kleiner als 32 cm²

Leiste
Holz wird zu kleinen rechteckigen
oder quadratischen Querschnitten gehobelt.

Brett

Bohle

Balken

Latte

Leiste

Kantholz

EINHEIMISCHE LAUB- UND NADELHÖLZER

Farbe
Splint weiß bis gelb,
Kern gleichfarben,
dunkelt stark nach.

Eigenschaften
Hart, schwer, fest, schwindet stark, neigt zum Rei-
ßen, mäßig gut zu trocknen,
gut zu bearbeiten, gute
Oberflächenbehandlung.

Verwendung
Die Birke wird als Möbelbau-
holz, bei Fuß- und Parkettböden, zu Sperrholzplatten
und Furnieren verarbeitet.

Beständigkeit
Nicht witterungsfest, stark
anfällig für Pilz- und Insektenbefall, gut geeignet für
alle Oberflächen.

BIRKE
Betula pendula Roth

Farbe
Splint und Kernholz
rötlichweiß, dunkelt
stark nach.

Eigenschaften
Hart, schwer, fest, schwindet
stark, neigt zum Reißen,
trocknet langsam, gut zu
bearbeiten.

Verwendung
Einfache Möbel, Treppenholz,
Fuß- und Parkettböden, Holz für
Werkzeug- und Maschinenbau
und Sperrholzplatten werden
aus Buche hergestellt. Auch als
Vollholz geeignet.

Beständigkeit
Nicht witterungsfest, anfällig
für Pilzbefall, gut geeignet für
Lack und Öl.

ROTBUCHE
Fagus sylvatica L.

Ob Ihre Gartenmöbel lange schön bleiben, hängt unter anderem von der Holzart ab, die Sie wählen. Hier finden Sie einen Überblick über die gebräuchlichsten Holzarten mit den jeweiligen Eigenschaften und Hinweisen zur Verwendung und Behandlung.

Farbe
Splint grauweiß, Kern gelbbraun bis lederbraun, dunkelt stark nach.

Eigenschaften
Hart, mittelschwer, sehr fest, verbiegt sich wenig, schwindet wenig, trocknet langsam, gut zu bearbeiten, bedingt gute Oberflächenbearbeitung.

Verwendung
Das etwas kostspieligere Holz wird für Innen- und Außenarbeiten, Bauholz, Fuß- und Parkettboden, für Furniere, im Möbelbau und als Vollholz verwendet.

Beständigkeit
Kernholz sehr witterungsfest und dauerhaft, Splintholz anfällig für Pilz- und Insektenbefall, gut geeignet für Lack und Öl. Von Eisen fernhalten, da es sonst zu Verfärbungen kommt.

EICHE
Qercus robur

Farbe
Splint rötlichweiß, Kern dunkler, dunkelt stark nach, oft grünstichig.

Eigenschaften
Mäßig hart und schwer, schwindet und reißt wenig, gut zu trocknen, leicht zu bearbeiten.

Verwendung
Kirschbaumholz hat eine spezielle Farbe und ist eher hochpreisig. Deshalb wird es für Furniere für Möbel verwendet.

Beständigkeit
Bedingt witterungsfest, nicht beständig gegen Pilz- und Bakterienbefall, geeignet für alle Oberflächenbehandlungen.

KIRSCHBAUM
Prunus avium L.

NADELHÖLZER

FICHTE
Picea abies

Farbe
Splint und Kern gelb-
weiß, Altersfarbe
gelblich braun.

Eigenschaften
Weich bis mittelhart, mäßig
leicht, schwindet wenig, gut
zu trocknen, leicht zu bearbeiten, gut zu beizen und zu
imprägnieren.

Verwendung
Die Fichte wird viel von Bau-
tischlern verarbeitet. Außerdem wird sie als Industrieholz
und zur Papierherstellung
verwendet.

Beständigkeit
Bedingt witterungsfest,
nicht beständig gegen
Pilzbefall, geeignet für alle
Oberflächenbehandlungen.

KIEFER
Pinus sylvestris L.

Farbe
Splint gelblichweiß
bis gelb, Kern dunkler,
dunkelt stark nach.

Eigenschaften
Mäßig hart und schwer,
schwindet wenig, gut zu
trocknen, leicht zu bearbeiten,
vor dem Beizen muss
das Holz entharzt werden.

Verwendung
Die Kiefer liefert günstiges
Möbel- und Bautischlerholz.
Sie wird zur Weiterverarbeitung
zu anderen Holzwerkstoffen
wie z. B. Sperrholz und auch
als Vollholz verwendet.

Beständigkeit
Mäßig witterungsfest, nicht
beständig gegen Pilz- und
Bakterienbefall, geeignet für
alle Oberflächenbehandlungen, muss jedoch entharzt
werden.

Farbe

Splint gelblichweiß bis gelb, Kern rötlichbraun, dunkelt stark nach.

Eigenschaften

Mäßig hart und schwer, schwindet wenig, gut zu trocknen, leicht zu bearbeiten, nur bedingt beiz- und imprägnierbar.

Verwendung

Das Holz der Lärche wird für Innen- und Außenarbeiten, Möbel, Deck- und Sperrholzfurniere, Plattenwerkstoffe und als Vollholz verarbeitet.

Beständigkeit

Bedingt witterungsfest, unter Wasser sehr dauerhaft, wenig anfällig für Pilz- und Insektenbefall.

LÄRCHE
Larix decidua Mill.

Farbe

Splint und Kern weiß bis weißgrau, dunkelt rotgrau nach.

Eigenschaften

Weich bis mittelhart, mäßig leicht, schwindet wenig, gut zu trocknen, leicht zu bearbeiten, gut zu beizen und zu imprägnieren.

Verwendung

Die Tanne wird im Allgemeinen wie Fichte verwendet. Sie wird überall dort eingesetzt, wo der Harzgehalt der Fichte unerwünscht ist.

Beständigkeit

Bedingt witterungsfest, nicht beständig gegen Pilzbefall, besonders beständig gegen Alkalien und Säuren, geeignet für alle Oberflächenbehandlungen.

TANNE
Abies alba Mill.

AUSSEREUROPÄISCHE LAUB- UND NADELHÖLZER

DOUGLASIE
Pseudotsuga menziesii

Farbe
Splint weißlich bis gelb-
lichgrau, Kern gelb bis
rotbraun, dunkelt stark
nach.

Eigenschaften
Hart, fest, verbiegt sich wenig,
schwindet wenig, gut zu bearbeiten, nachträglicher Harz-
austritt störend.

Verwendung
Das Nadelholz aus Nordamerika,
Europa oder Neuseeland wird im
Innen- und Außenbau, für Ver-
täfelungen oder Verkleidungen,
für Fußböden, Parkett oder als
Gartenholz verarbeitet.

Beständigkeit
Gut witterungsbeständig,
gut beständig gegen Pilz- und
Insektenbefall, geeignet für
alle Oberflächenbehandlungen, hält auch eine unbehan-
delte Oberfläche gut aus.

MAHAGONI
Swietna macrophylla

Farbe
Splintholz gelblich-
weiß, Kern rot bis
dunkelbraun.

Eigenschaften
Hart, schwer, sehr fest,
verbiegt sich wenig, schwindet wenig, trocknet lang-
sam, gut zu bearbeiten, gute
Oberflächenbearbeitung.

Verwendung
Der aus Mittelamerika stam-
mende Mahagonibaum wird wie
das Holz der Douglasie für den
Innen- und Außenbau, für
Vertäfelungen oder Verkleidungen, für Fußböden, Parkett oder
als Gartenholz verarbeitet.

Beständigkeit
Sehr gut witterungsbe-
ständig, bedingt beständig
gegen Pilz- und Insekten-
befall, geeignet für alle
Oberflächenbehandlungen.

Farbe
Splint gelblich bis grau-
rosa, Kernholz rotbraun.

Eigenschaften
Hart, schwer, sehr fest,
verbiegt sich wenig, schwindet wenig, trocknet lang-
sam, gut zu bearbeiten, gute
Oberflächenbearbeitung.

Verwendung
Meranti ist in Sabah, Brunei,
Sarawak und Westmalaysia sowie
auf den Philippinen verbreitet.
Es wird im Innen- und Außenbau,
für Verkleidungen, Fußböden,
Parkett und als Gartenholz
eingesetzt.

Beständigkeit
Sehr gut witterungsbeständig,
gut beständig gegen Pilz- und
Insektenbefall, geeignet für alle
Oberflächenbehandlungen.

MERANTI
Shorea spp.

Farbe
Gelbbraunes Splintholz,
goldbraunes Kernholz,
dunkelt nach.

Eigenschaften
Hart, schwer, sehr fest,
verbiegt sich wenig, schwindet wenig, trocknet langsam,
mäßig zu bearbeiten, gute
Oberflächenbearbeitung.

Verwendung
Teak ist in den Regenwäldern
Asiens verbreitet, wird aber auch
in Afrika, der Karibik und Zentral-
amerika angebaut. Es wird als
Möbel- und Kunsttischlerholz, für
Bodenbeläge und für Gartenmöbel
verwendet.

Beständigkeit
Sehr gut witterungsbeständig,
gut beständig gegen Pilz-
und Insektenbefall, geeignet
für Öloberflächen, vor dem
Lackieren entharzen.

TEAK
Tectona grandis

SCHALUNGSHOLZ FICHTE, TANNE UND KIEFER

DREISCHICHTPLATTEN IN LÄRCHE

LEIMHOLZPLATTE

Die Holzindustrie liefert nicht nur Brett- oder Bohlenware, sondern auch großformatige Platten, die aus zusammengefügten Hölzern bestehen. Hier stellen wir die von uns für die Projekte in diesem Buch verwendeten Holzplatten sowie Schalungsholz vor.

Leimholzplatte

Leimholzplatten werden aus durchgehenden Lamellen aus nordischer Fichte oder Kiefer, die verleimt werden, hergestellt. Sie zeichnen sich durch Formstabilität aus. Die Oberfläche ist vorgeschliffen, sodass die Platte direkt weiterverarbeitet werden kann. Um das Holz vor Feuchtigkeit zu schützen, sollte eine Oberflächenbehandlung vorgenommen werden.

Dreischichtplatten in Lärche

Der große Vorteil von Dreischichtplatten liegt im geringen Quell- und Schwindverhalten, das auf die kreuzweise Verleimung und die hohe Oberflächenqualität durch die Verwendung von 5 mm starken Decklagen in Furnierqualität zurückzuführen ist. Auch hier sollte eine Oberflächenbehandlung vorgenommen werden, um das Holz vor Feuchtigkeit zu schützen.

Schalungsholz Fichte, Tanne und Kiefer

Dieses Holz ist sehr kostengünstig. Es ist sägerau und hat teilweise seitlich noch Rinde. Es sollte vor der Weiterverarbeitung geschliffen werden. Die Bretter sind roh oder mit grüner Tauchimprägnierung zum Schutz gegen Feuchtigkeit erhältlich. Bei der Rohware sollte eine Oberflächenbehandlung vorgenommen werden.

FUCHSSCHWANZ

STICHSÄGE

JAPANSÄGE

In den meisten Haushalten, in denen es einen Werkzeugkasten gibt, findet man auch eine Säge, üblicherweise einen Fuchsschwanz, da er sehr vielseitig ist. Wer häufiger damit arbeitet, lernt schnell eine Stichsäge zu schätzen, da händisches Sägen auf Dauer kraft- und zeitraubend ist. Alle Projekte in diesem Buch sind mit einem Fuchsschwanz zu bewältigen, auch wenn wir sie mit Japan- oder Stichsäge ausgeführt haben, da es sich mit diesen beiden, je nach Projekt, komfortabler arbeiten lässt als mit dem Fuchsschwanz.

Beim Sägen sollte der Sägeschnitt im 25-Grad-Winkel zum Werkstück angesetzt werden, sodass nur wenige Zähne das Werkstück berühren. Der Druck sollte nur leicht sein. Ist er zu groß, verläuft der Schnitt schief. Die Säge sollte mit langen und gleichmäßigen Zügen betätigt und das gesamte Sägeblatt ausgenutzt werden – wie der Tischlermeister sagt: »Die Säge soll arbeiten, nicht der Mensch.«

Fuchsschwanz

Der Fuchsschwanz ist eine Universalsäge mit einem dicken Blatt. Man kann mühelos Bretter und Bohlen damit auftrennen. Die Säge sägt auf Stoß und Zug.

Stichsäge

Bei der Stichsäge kann das Sägeblatt gewechselt werden. Sie kann dadurch für verschiedene Materialien eingesetzt werden, z. B. auch für Aluminium und Stahl. Die Pendelbewegung des Sägeblatts lässt sich einstellen, dadurch ergibt sich ein hoher Sägekomfort. Viele Maschinen haben eine schwenkbare Fußplatte für Gehrungsschnitte.

Japansäge

Die Japansäge zeichnet sich durch ein dünnes Sägeblatt aus, durch das ein sehr sauberer Schnitt erzeugt wird. Sie sägt auf Zug. Mit der Japansäge lassen sich mühelos alle Sägearbeiten verrichten. Es gibt solche mit und ohne Rückenverstärkung.

FORSTNERBOHRER

HOLZSPIRALBOHRER MIT ZENTRIERSPITZE

SPIRALBOHRER

Zum Bohren haben wir bei allen Projekten den Akkuschrauber verwendet, selbstverständlich kann aber auch mit der Bohrmaschine gearbeitet werden. Es gibt verschiedene Bohrer, die für Holz geeignet sind. Sie werden in der Regel im Set gekauft, in dem die klassischen Durchmesser enthalten sind. Bohrt man ein Loch für eine Schraube, sollte das Loch kleiner als der Schraubendurchmesser sein. Für eine 4,5-mm-Schraube, zum Beispiel, bohrt man ein Loch mit einem 4-mm-Bohrer, damit die Schraube greifen kann und einen festen Halt hat. Wenn zwei Bretter zusammengefügt werden, sollte für das vordere Brett ein 0,5 mm größerer Bohrer verwendet werden, damit sich die Schraube leicht durchstecken lässt und erst im hinteren Brett mit dem engeren Loch greift.

Forstnerbohrer

Ein Forstnerbohrer dient zur Herstellung von eher größeren, planen und runden Löchern. Der kleinste Durchmesser beträgt 10 mm. Mittig sitzt eine Zentrierspitze, die eine gute Bohrerführung gewährleistet.

Holzspiralbohrer mit Zentrierspitze

Holzspiralbohrer werden ausschließlich für Holzbohrungen benutzt. Der Bohrer hat eine mittig sitzende Zentrierspitze und die Schneiden sind am Außenrand nach oben gezogen. So wird das Bohrloch zunächst an der Außenkante angeschnitten. Die Zentrierspitze vermeidet das »Weglaufen« des Bohrers im Material.

Spiralbohrer

Dieser Bohrer hat einen Bohrerschaft, gewendelte spiralförmige Nuten und eine kleine Bohrspitze. Man kann ihn für Metall, Kunststoffe und Holz benutzen.

120er-SCHLEIFPAPIER

180er-SCHLEIFPAPIER

80er-SCHLEIFPAPIER

Holz schleifen geht immer vom Groben ins Feine. Dabei werden die Unebenheiten mit dem gröbsten Papier beseitigt und mit allen weiteren Schleifgängen die Spuren des vorhergehenden Schliffs geglättet. Mit welcher Körnung Sie beginnen sollten, hängt von der Oberfläche des Werkstücks ab. Je rauer und unebener, desto gröber muss der Anfangsschliff sein.

Die Zahl auf dem Papier benennt, wie viele Maschen pro Zoll in dem Sieb sind, durch die das Schleifkorn fällt. 120er-Schleifpapier bedeutet also 120 Maschen. Um im Möbelbau eine glatte Oberfläche zu erhalten, auf der die Maserung des Holzes gut zur Geltung kommt, sind die folgenden Abstufungen geeignet: 80er-, 120er- und 180er-Körnung. Für eine rohe Holzoberfläche mit abstehenden Splittern ist eine grobe 80er-Körnung sinnvoll. Bei den meisten Projekten in diesem Buch ist das Brechen der Kanten mit einem Schleifpapier grober Körnung ausreichend, um Splitter zu entfernen und die Oberfläche entsprechend der späteren Nutzung vorzubereiten.

Holz wird mit der Faser geschliffen. Sogenannte Querschleifer führen zu einem optisch unschönen Ergebnis. Um eine Holzfläche glatt und eben zu schleifen, verwenden Sie am besten einen Schleifklotz. Diesen kann man entweder aus einem Stück Holz selbst anfertigen oder aus Naturkork kaufen. Alternativ kann man diese Arbeit auch mit einem Schwing-, Rutsch- oder Exzenterschleifer vornehmen.

Kanten brechen

Eine Kante abzurunden nennt der Tischler »Kante brechen«. Die Kanten sollte man grundsätzlich mit einem Schleifklotz brechen. Es besteht sonst die Gefahr, dass man sich an einem Splitter verletzt. Dazu wird zuerst mit einer gerade geführten Bewegung die Spitze der Kante abgetragen. Danach führt man den Schleifklotz zu beiden Seiten, sodass eine Rundung entsteht.

Pilze & Insekten

Holz ist organisch, es besteht aus Kohlenstoff, Wasserstoff, Sauerstoff, Eiweißen und freien Zuckern und ist daher eine gute Nährstoffquelle für Organismen. So siedeln sich je nach Feuchtigkeit und Temperatur Pilze und Insekten an, die das Holz angreifen und langfristig zerstören.

Bei anhaltender Holzfeuchte ab 20 Prozent siedeln sich Pilze an. Oft sind sie nur holzverfärbend und die Folge sind lediglich optische Mängel. Es gibt aber auch holzzerstörende Pilze, die Substanz abbauen und zu einem Festigkeitsverlust führen, was ein Sicherheitsrisiko darstellen kann.

Verschiedene Insektenarten besiedeln Holz in unterschiedlichen Stadien des Zerfalls. Es gibt Schädlinge, die nur waldfrisches Holz befallen, andere wiederum suchen trockenes Holz. Bei einem Befall wird das Holz durch die Larven der Insekten zerstört, die sich durch das Holz fressen. Dadurch verliert das Holz an Stabiltät und wird durch die Ausfluglöcher optisch beschädigt.

Konstruktiver Holzschutz

Es gibt drei Arten von Holzschutz. Die Wahl des Oberflächenschutzes hängt vom Holzuntergrund und der Nutzung des Objekts ab. Konstruktiver Holzschutz bedeutet, dass durch bauliche Maßnahmen dafür gesorgt wird, dass die Holzfeuchte nie über 20 Prozent liegt, zum Beispiel mit einem Dachüberstand bei der Hüttenverkleidung oder mit Abschrägungen von Zaunpfählen und Wasserschenkeln an Abtropfkanten, damit Regenwasser gut ablaufen kann und das Holz grundsätzlich möglichst trocken bleibt.

Chemischer Holzschutz

Beim chemischen Holzschutz werden pilz- und insektenwidrige Substanzen in das Holz eingebracht. Biozide gehören nicht in die Hände von Laien, da sie auch für den Menschen hochgiftig sind. Sie sollten nur von Fachleuten eingesetzt werden, zum Beispiel durch sogenannte Druckimprägnierung. Wird für ein Gartenprojekt druckimprägniertes Holz verwendet, kann auf weitere zeitaufwendige Oberflächenbehandlung verzichtet werden.

Oberflächenschutz

Oberflächenschutz wird durch das Auftragen von Ölen, Wachsen, Lacken und Lasuren nach dem Schleifen erzielt. Neben dem Holzschutz wird die Oberflächenbehandlung auch für die Farbgebung genutzt. Wir gehen hier nur auf die auf Öl und Wasser basierenden Produkte ein, da diese für die Umwelt weniger schädlich sind und dennoch in ihrer Qualität überzeugen.

Öl ist eine farblose Variante, das Holz zu schützen. Es erhält das natürliche Aussehen des Holzes. Es dringt tief in das Holz ein und verschließt die Poren. Am besten eignet sich Öl für Hölzer, die einen hohen Eigenanteil an Öl bzw. Harz haben. Dazu gehören insbesondere die außereuropäischen Hölzer. Zur Pflege ist ein jährliches Auffrischen der Öloberfläche ideal, was zu einer dauerhaften Versiegelung führt.

Lasuren sind heutzutage auch wasserverdünnbar erhältlich und somit deutlich weniger umweltbelastend als die auf Lösemittel basierenden Lasuren. Eine Lasur dringt in das Holz ein und lässt die Holzstruktur erkennbar. Lasuren sind in Holzfarbtönen, aber auch in anderen Farben erhältlich. Unterschieden wird außerdem zwischen Dünnschichtlasuren für Holzverkleidungen, Pergolen und andere dekorative Holzelemente und Dickschichtlasuren für Fenster und Türen. Zur Pflege muss die Lasur regelmäßig aufgefrischt werden, es ist jedoch kein Zwischenschliff wie bei Lacken nötig, da sich die Schichten miteinander verbinden.

Farben basieren auf pflanzlichen Ölen und wasserabweisenden Additiven. Der Anstrich ist deckend, bei dünnem Anstrich bleibt die Holzstruktur in der Oberfläche zu sehen. Farben sind besonders geeignet für Fassaden, Balkone und Gartenmöbel. Der offenporige Anstrich lässt das Holz atmen, kann ohne Anschleifen wieder überstrichen werden und muss je nach Witterung alle paar Jahre wiederholt werden.

Lacke versiegeln die Holzoberfläche komplett und lassen auch die Holzstruktur verschwinden. Sie schützen vor Schädlingen und Witterungseinflüssen. Harzhaltige Hölzer müssen vor dem Lackieren mit einem Entharzer behandelt werden. Wird Lack nicht sorgfältig aufgetragen, kann Feuchtigkeit unter die Lackschicht dringen. Diese Feuchtigkeit lässt den Lack abplatzen und das Holz verwittern. Abplatzende Lackstellen am besten sofort ausbessern. Die alte Lackschicht sollte vor dem erneuten Anstrich angeschliffen werden, da sich Lackschichten nicht miteinander verbinden.

Klein
und schön

Diese kleinen Accessoires lassen sich schnell und ein-
fach umsetzen. In ihrem Ergebnis sind sie von großer
Wirkung und werden Ihren Gartenalltag verschönern und
zugleich erleichtern.

2

KAPITEL

Meisenknödelhaus

  1 Stunde

Werkzeug

- Bohrer, 4 mm Ø
- Akkuschrauber
- Japansäge
- Bleistift
- Schleifpapier, 80er-Körnung, und Schleifklotz

Material

- Brett, 1,9 × 18 × 12 cm
- Brett, 1,9 × 20 × 12 cm
- 5 Schrauben, 3,5 × 35 mm
- Haken, 4,5 × 40 mm
- Astgabel, ca. 140 cm lang
- Meisenknödel
- Farbe, Öl oder Lack nach Belieben

Diese Futterstelle ist im Handumdrehen gebaut

und verschönert auch im Sommer blühende Beete.

Im Winter mit einem Meisenknödel versehen, sorgt

sie für Abwechslung im kahlen Garten — darüber

freuen sich nicht nur die Meisen!

So geht's

Die Bretter aufeinanderlegen. In den Überstand des längeren Bretts drei regelmäßig verteilte Löcher bohren. Die Bretter zusammenschrauben.

Die Kanten brechen und die Oberfläche nach Belieben mit Farbe, Öl oder Lack behandeln.

Innen im Dachfirst mittig ein Loch vor-, aber nicht durchbohren und den Haken hineindrehen.

Dach und Astgabel aneinanderlegen und auf dem Ast anzeichnen, wo er an das Dach stößt. Die Äste auf der markierten Höhe absägen.

5

Das untere Ende der Astgabel auf der gewünschten Höhe schräg absägen, sodass es sich leicht in den Boden rammen lässt.

6

Die Äste wieder an ihre Position im Dach legen und mit dem Bleistift die Enden umfahren.

7

In der Mitte der angezeichneten Kreise vorbohren. Dieses Mal die Bretter durchbohren.

8

Die beiden Äste festschrauben und den Meisenknödel an den Haken hängen.

DIE FUTTERSTELLE VOM FENSTER AUS BEOBACHTEN UND SICH ÜBER BESUCH FREUEN!

Windlicht

 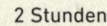

2 Stunden

Werkzeug

- Meterstab
- Bleistift
- Handsäge
- Bohrer, 6 mm Ø
- Akkuschrauber
- Schere

Material

- Holzleisten, 6 × 20 mm, insgesamt 7 m lang
- Schnur, 3 m lang
- Holzleim
- Glas, ca. 6 cm Ø
- Teelicht
- Buntlack nach Belieben

Wenn die Sonne am Horizont langsam verschwindet,

wirft dieses Windlicht einen romantischen Schein

in Ihren Garten.

So geht's

1

Die Leisten in 15 cm lange Stücke schneiden. Drei Stück beiseitelegen.

2

In die restlichen Stücke jeweils zwei 2,5 cm von den Enden entfernte Löcher bohren. Die Leisten nach Belieben lackieren und trocknen lassen.

3

Die Schnur halbieren, längs durch die Löcher je eines Lattenstücks fädeln und nebeneinanderlegen.

4

Das nächste Leistenstück quer zum vorhergehenden auffädeln.

5

Beide Teile zu einem Viereck zusammenführen und die Schnüre nach außen legen.

6

Für den Boden die drei Leistenstücke ohne Löcher in regelmäßigem Abstand mit Holzleim aufkleben. 15 Minuten aushärten lassen.

7

Die restlichen Leisten auffädeln, dabei die Leisten immer versetzt anordnen.

8

Die Schnurenden verknoten und das Glas mit dem Teelicht hineinstellen.

SILKES TIPP

»Das Windlicht kann auch aus zugeschnittenen Aststücken gefertigt werden.«

Wer einen Garten besitzt,

hat alles, was er braucht.

Kräuterstecker

    1 Stunde für 4 Stück

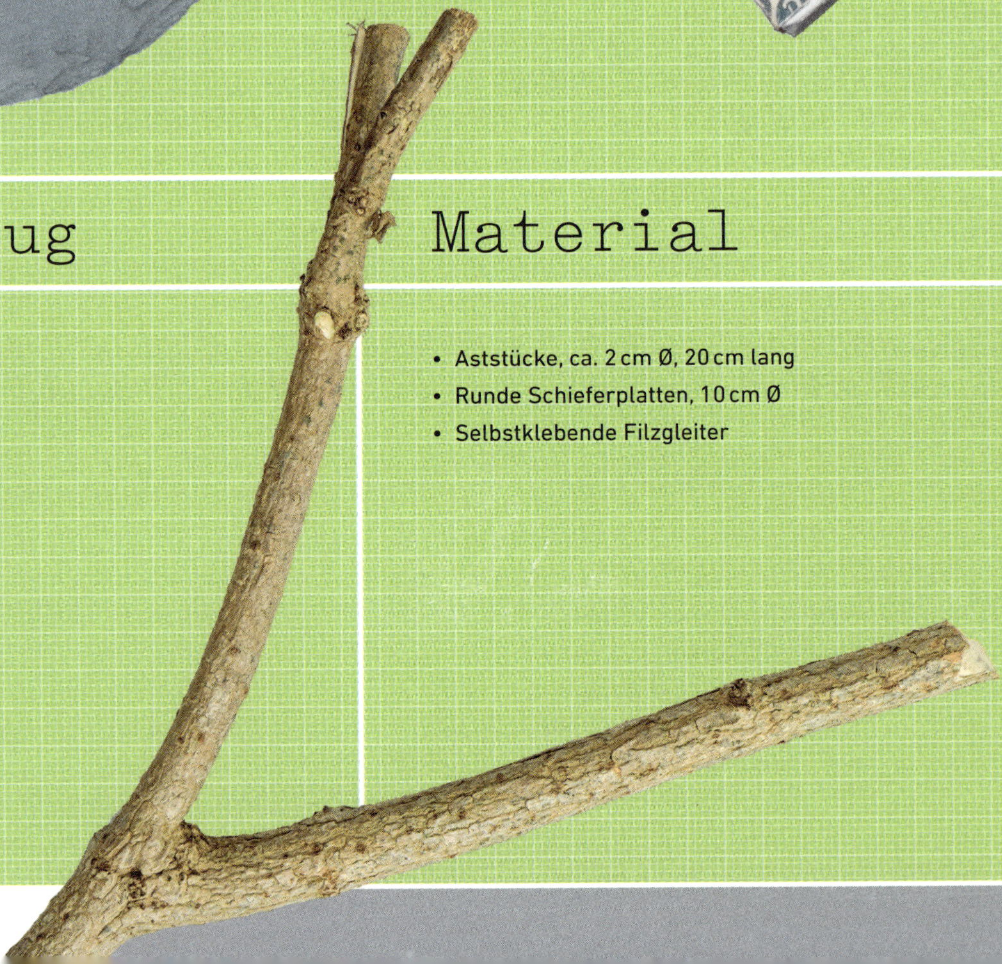

Werkzeug

- Japansäge
- Kreide oder weißer Permanentmarker

Material

- Aststücke, ca. 2 cm Ø, 20 cm lang
- Runde Schieferplatten, 10 cm Ø
- Selbstklebende Filzgleiter

Bärlauch

Ein dekorativer kleiner Gartenhelfer! So ist der Bärlauch schnell gefunden und Thymian und Oregano werden nicht mehr verwechselt.

So geht's

So viele schöne Äste wie benötigt auswählen und auf 20 cm kürzen.

In ein Ende einen ca. 5 cm tiefen, keilförmigen Schlitz sägen. Die Japansäge ist hierfür besonders gut geeignet, es ist aber auch möglich, eine andere Säge zu verwenden.

Das andere Ende abschrägen, sodass es sich leicht in den Boden rammen lässt.

Auf eine Seite der Schieferplatte einen Filzgleiter kleben und die Platte in den keilförmigen Schlitz pressen. Die Schieferplatte nach Belieben beschriften.

BESCHRIFTEN UND ZU DEN KRÄUTERN STECKEN!

BIRTES TIPP

»Zum Beschriften eignen sich
für draußen Permanentmarker
in Weiß, für drinnen können Sie
Kreide verwenden.«

Hausnummer

    1 Stunde pro Ziffer

Werkzeug

- Zahlenvorlage, am Computer selbst erstellen und ausdrucken
- Schere
- Bleistift
- Bohrer, 4,5 mm Ø
- Akkuschrauber
- Hammer
- Spitz- oder Feinzange

Material

- Holzbrett, zu allen Seiten mindestens 3 cm größer als die gewünschte Größe der Hausnummer (hier 10 cm)
- Dachpappennägel, ca. 8 × 20 mm, Anzahl je nach gewünschter Größe der Hausnummer (hier 60 Nägel pro Zahl)
- Messingnägel, ca. 2 × 20 mm, je Zahl ca. 20 Stück zum Füllen der Lücken
- 4 Schrauben für die Montage

Ein wunderbares Projekt, wenn Sie sich eine kleine Auszeit nehmen und schnell etwas Hübsches in den Händen halten wollen.

So geht's

1

Die Hausnummer in gewünschter Schrift und Größe ausdrucken und ausschneiden.

2

Die ausgeschnittenen Ziffern als Schablonen verwenden und auf das Brett übertragen.

3

Für die spätere Montage an der Hauswand in allen vier Ecken Löcher vorbohren.

AN DIE WAND MONTIEREN UND MÜHELOS GEFUNDEN WERDEN!

4

Die Ziffern mit Dachpappennägeln ausfüllen. Beim Einschlagen die Nägel in möglichst gleichmäßigen Abständen platzieren und die Spitze des Nagels etwa 2 mm nach innen versetzt aufsetzen, sodass die Nagelköpfe genau über der Umrisskante stehen. Lücken mit den Messingnägeln füllen.

SILKES TIPP

»Wer möchte, kann die Nagelköpfe farbig lackieren. Das setzt zusätzliche Akzente.«

Blumenleiter   3 Stunden

1 — Seitenbretter
2 — Topf-Stützbretter
3 — Topf-Bodenbretter

1

2

3

Werkzeug

- Bleistift
- Geodreieck oder Winkelmesser
- Stichsäge oder Säge
- Bohrer, 4 mm Ø
- Akkuschrauber
- Schleifpapier, 80er-Körnung, und Schleifklotz

Material

- 2 Bretter, 1,9 × 138 × 12 cm (1)
- 6 kleine Bretter, 1,9 × 30 × 5 cm (2)
- 3 kleine Bretter, 1,9 × 30 × 2 cm (3)
- 24 Schrauben, 3,5 × 35 mm
- 6 Blumentöpfe, 10 cm Ø
- Lack nach Bedarf

Wenn sich die Töpfchen auf dem Boden sammeln,
bringt diese Blumenleiter, an Baum oder Hauswand
gelehnt, hübsch Ordnung ins Pflanzchaos.

So geht's

Die Winkel an den Enden der Seitenbretter anzeichnen und absägen. Die Kanten brechen.

Auf den Brettern alle Löcher gemäß den Angaben auf der Abbildung anzeichnen.

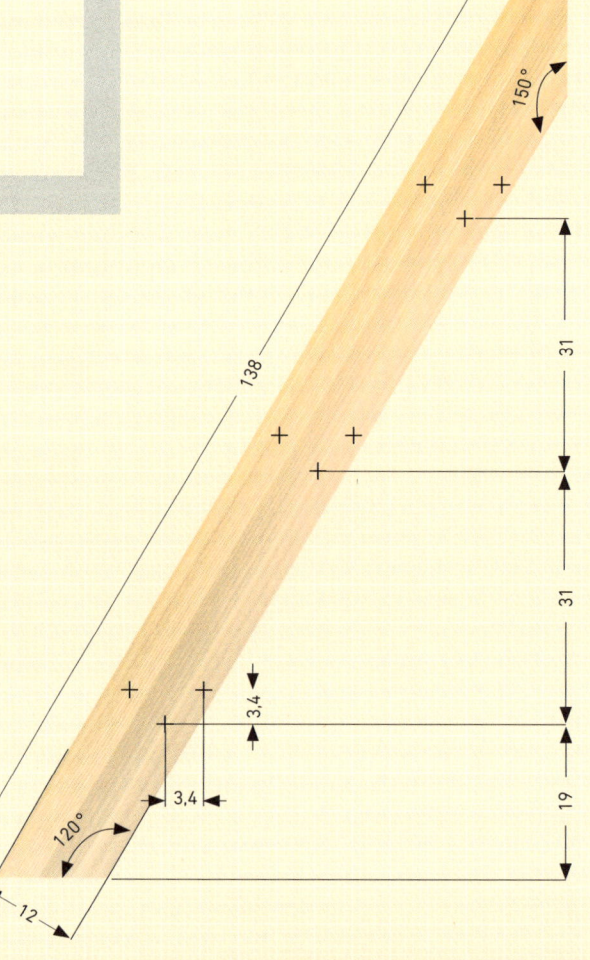

3

Die Löcher vorbohren. Dabei die Bretter aufeinanderlegen und gleichzeitig bohren.

4

Die Bretter Nr. 3 dazwischensetzen und
festschrauben.

5

Die Leiter aufrichten und die seitlichen Bretter Nr. 2
festschrauben. Dafür zunächst die Bretter nur locker
befestigen, dann einen leeren Blumentopf hineinstellen, die Bretter in den richtigen Winkel drehen und
festziehen.

6

Die Oberfläche nach Belieben mit Lack behandeln.
Die anderen Stufen ebenso herstellen.

Praktische Gartenhelfer

Diese Projekte machen nicht nur beim Bauen Spaß,

sondern helfen Ihnen später auch im Gartenalltag.

Deshalb werden sie lange Freude an und mit Ihnen haben.

KAPITEL

3

Jäthocker

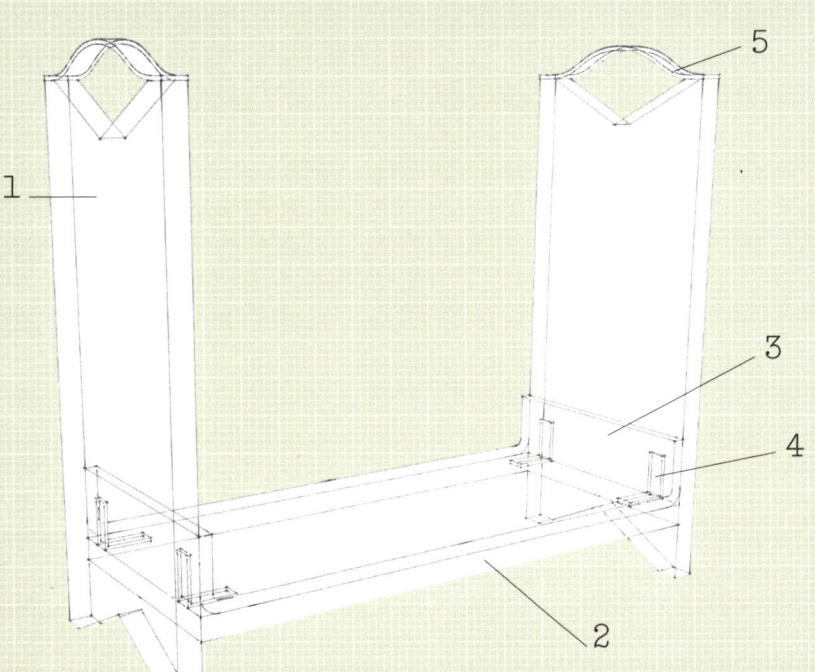

1 – Seitenbrett
2 – Bodenbrett
3 – Schaumgummiplatte
4 – Winkelverbinder
5 – Lederriemen

Werkzeug

- Bleistift
- Meterstab
- Handsäge oder Stichsäge
- Bohrer, 4 mm Ø
- Akkuschrauber
- Schleifpapier, 80er-Körnung, und Schleifklotz

Material

- 2 Holzbretter, 1,9 × 20 × 44 cm (1)
- 1 Holzbrett, 1,9 × 20 × 48 cm (2)
- 4 Winkelverbinder, ca. 40 × 40 × 40 mm (4)
- Schaumgummiplatte, 1 × 20 × 58 cm (3)
- Doppelseitiges Klebeband
- 2 Lederriemen, 0,5 × 1,9 × 21 cm (5)
- 6 Schrauben für Plattenverbindung, 3,5 × 35 mm
- 32 Schrauben für Winkel, 3,5 × 16 mm
- 4 Schrauben für Lederriemen, 3,5 × 45 mm
- 4 gummierte Unterlegscheiben für Lederriemen, 18 mm Ø

Unkraut jäten kann ganz schön auf die Knochen
gehen. Mit diesem praktischen Jäthocker arbeiten
Sie deutlich bequemer.

So geht's

1

Die dreieckigen Aussparungen an den Seitenteilen sowie die Bohrlöcher für die Verbindung mit dem Bodenbrett gemäß den Angaben auf der Abbildung auf beiden Brettern anzeichnen.

2

Die Dreiecke heraussägen und die Löcher vorbohren. Die Kanten brechen.

3

Beide Seitenteile mit dem Bodenbrett verschrauben.

4

Die Winkelverbinder leicht nach innen versetzt festschrauben, damit sie nicht auf die schon im Holz steckenden Schrauben treffen und später nicht sichtbar sind.

5

Das Bodenbrett und die Enden der Schaumgummi-platte mit doppelseitigem Klebeband versehen.

6

Jeweils die Mitte von Bodenbrett und Schaum-gummiplatte markieren.

7

An der Markierung orientieren und die Schaum-gummiplatte einkleben.

8

Mit dem 4-mm-Bohrer Löcher durch die Lederriemen vorbohren, die Unterlegscheiben auflegen und die Riemen wie Griffe festschrauben.

**ERST EINMAL AUF DEM HOCKER AUSRUHEN –
UND DANN DEM UNKRAUT DEN GARAUS MACHEN!**

Gartenschlauchhalter

 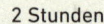

1 — Frontkreis
2 — Rückwand
3 — Rundhölzer

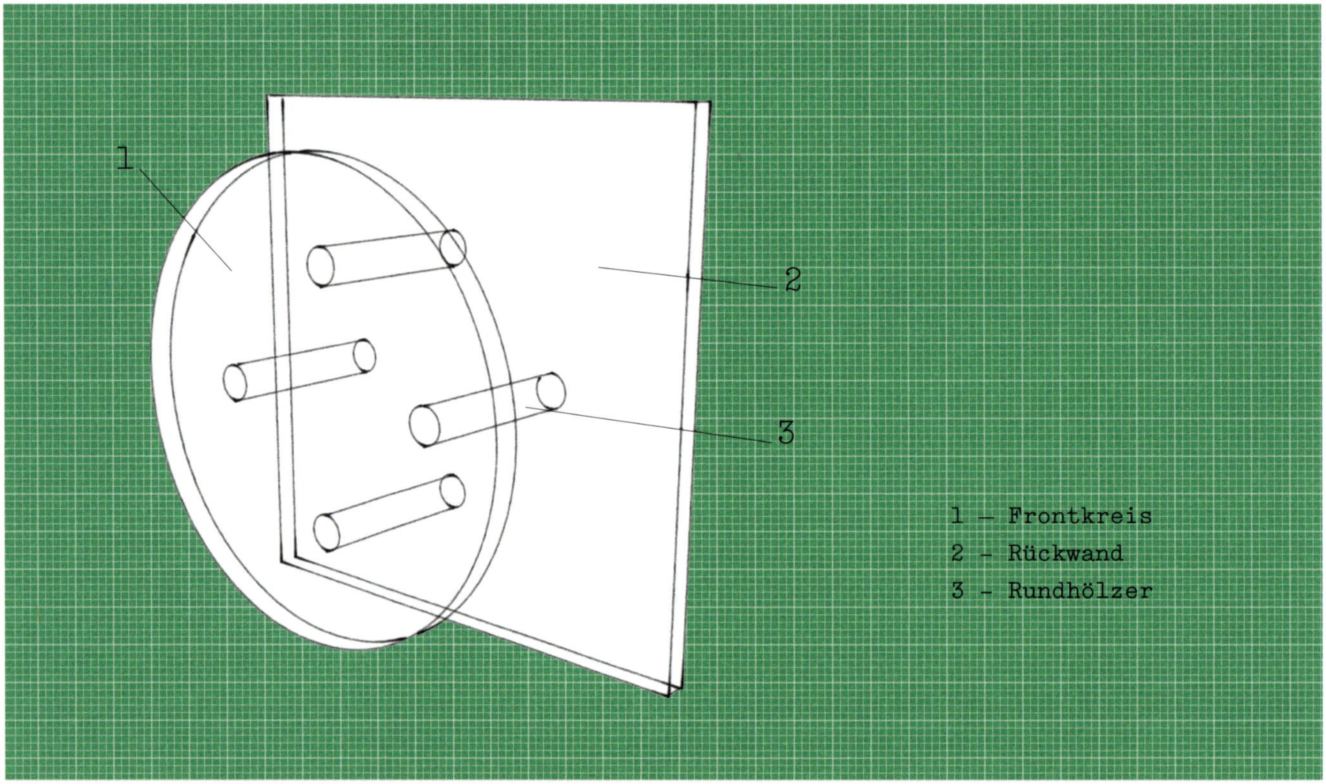

Werkzeug

- Schnur
- Bleistift
- Stichsäge
- Schleifpapier, 80er-Körnung, und Schleifklotz
- Meterstab
- Bohrer, 5 mm Ø
- Akkuschrauber

Material

- Leimholzplatte, 1,9 × 40 × 40 cm (1)
- Leimholzplatte, 1,9 × 45 × 45 cm (2)
- 4 Rundhölzer, 3 cm Ø, 15 cm lang (3)
- 8 Schrauben, 4,5 × 45 mm
- 4 Nägel/Schrauben für die Montage, je nach Hauswand
- Lack oder Farbe nach Belieben

Mit dem Halter ist der Gartenschlauch immer sauber aufgerollt und einsatzbereit, er wird nicht durch Knoten oder Knicke beschädigt und der Garten ist im Handumdrehen gewässert.

So geht's

1

Mit Schnur und Bleistift einen Kreis auf die kleinere Platte vorzeichnen.

2

Den Kreis mit der Stichsäge aussägen, die Kanten brechen. Dazu die Bretter auf einem Klotz oder etwas Ähnlichem abstützen.

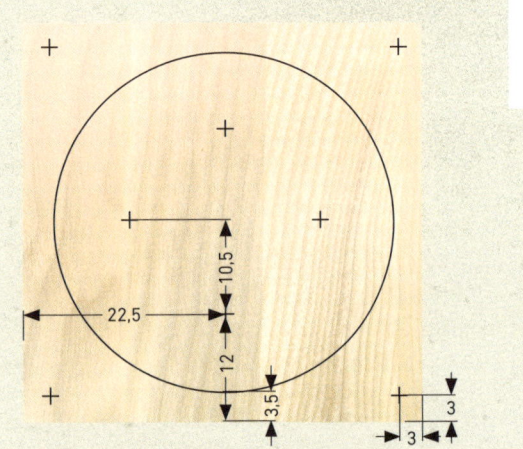

3

Die runde Platte mittig auf die eckige Platte legen und die Löcher gemäß den Angaben auf der Abbildung anzeichnen.

4

Die Löcher auf der Platte vorbohren. Dabei darauf achten, dass die Bretter nicht verrutschen.

5

Die Rundhölzer festschrauben. Dabei sollten die Rundhölzer im 90-Grad-Winkel zu den Platten stehen.

6

Wird der Gartenschlauchhalter nicht unter einem Dachunterstand angebracht, sollte er mit Lack gegen Witterungseinflüsse geschützt werden. Sie können ihn auch nach Ihren eigenen Vorstellungen bunt streichen.

DEN BLUMEN WASSER GEBEN UND DANN DEN SCHLAUCH SAUBER AUFROLLEN!

Pflanztisch

3 Stunden Bau
1 Stunde Oberflächenbearbeitung

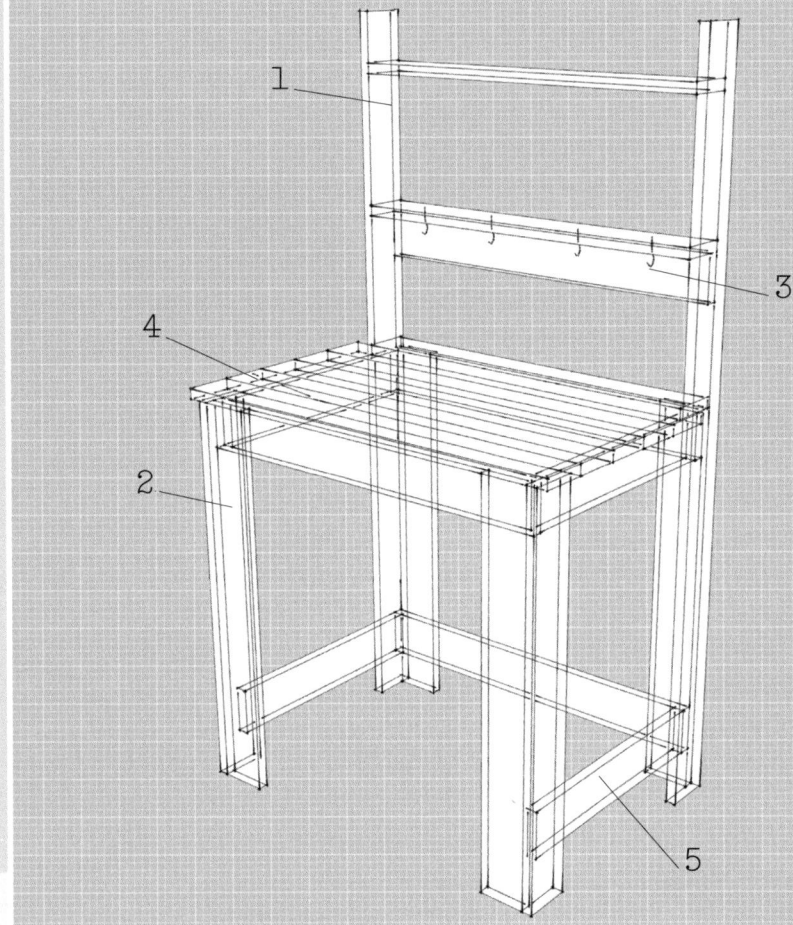

1 — Hohe Beine
2 — Kurze Beine
3 — Querbretter
4 — Arbeitsfläche
5 — Seitenstreben

Werkzeug

- Meterstab
- Bleistift
- Säge oder Stichsäge
- Schleifpapier, 80er-Körnung, und Schleifklotz
- Pinsel
- Bohrer, 4,5 mm Ø
- Akkuschrauber

Material

- Verschalungslatten, 2,2 × 10 cm
  - 2 × 160 cm lang für die hohen Beine (1)
  - 6 × 85 cm lang für die kurzen Beine (2)
  - 7 × 81 cm lang für die Querbretter (3)
  - 5 × 90 cm lang für die Arbeitsfläche (4)
  - 4 × 52 cm lang für die Seitenstreben (5)
- 28 Schrauben für das Gestell, 4 × 35 mm
- 42 Schrauben für Beine und Zargen, 4 × 50 mm
- 4 Haken, 4 × 50 mm
- Farbe, Öl oder Lack nach Belieben

Dieser Pflanztisch macht das Gärtnerleben deutlich leichter, denn beim Umtopfen im Stehen arbeiten zu können ist eine Wohltat für den Rücken.

So geht's

1

Die angegebenen Längen auf das Material aufzeichnen. Alle Latten zusägen.

2

Mit Schleifklotz und Schleifpapier die Latten für die Arbeitsfläche glätten und alle Kanten brechen. Das Holz versiegeln.

3

Die Beine mit je 3 der 50-mm-Schrauben verbinden. Dazu die Bretter der Beine L-förmig zusammenlegen und verbinden.

4

Obere und untere Zarge mit 12 der 50-mm-Schrauben zusammenbauen. Die kurzen Stücke (Seitenstreben) werden zwischen die langen (Querbretter) gesetzt. Die obere Zarge trägt die Arbeitsfläche, die untere Zarge sorgt für zusätzliche Stabilität.

5

Die obere und die untere Zarge mit den 35-mm-Schrauben an den Beinen befestigen. Dazu die untere Zarge mit ca. 10 cm Abstand zum unteren Ende der Beine und die obere Zarge auf Höhe der kurzen Beine positionieren und festschrauben.

6

Das Gestell aufrichten. Die Latten der Arbeitsfläche mit 12 der 50-mm-Schrauben auf die Zarge schrauben.

7

Die Ablageborde (Querbrett Nr. 3) mit 12 weiteren 50-mm-Schrauben in gewünschter Höhe festschrauben. Löcher für die Haken vorbohren und die Haken hineindrehen.

BIRTES TIPP

»Verschalungslatten sind sehr preiswert. Ihre Oberfläche wird nach dem groben Sägeschnitt nicht geglättet, deshalb müssen Flächen, mit denen man in Berührung kommt, gründlich mit Schleifpapier bearbeitet werden.«

Mein Garten ist ein Naherholungsgebiet.

Nagelschuh

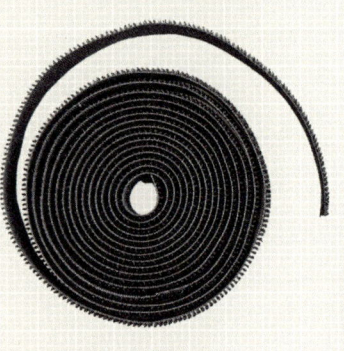

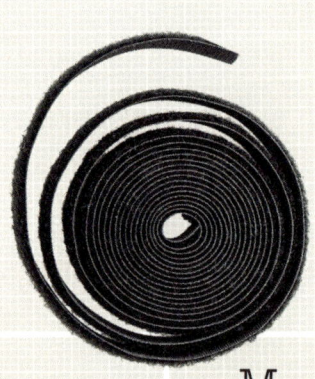

Werkzeug

- Bleistift
- Bohrer, 3 mm Ø
- Akkuschrauber
- Stichsäge
- Schleifpapier, 120er-Körnung, und Schleifklotz
- Meterstab
- Hammer
- Schere
- Klammertacker

Material

- 4 Bretter, ca. 1 × 30 × 12 cm
- Ca. 60 Nägel, 3,5 mm × 40 mm
- 8 Schrauben, 4,5 × 16 mm
- Klettband, 100 cm lang

Nicht nur Fußballgrün bedarf der Pflege ...

Begehen Sie Ihr Gras mit diesem Schuh — das

bringt Luft an die Wurzeln und sorgt dafür,

dass Stauwasser besser abfließen kann. So sagen

Sie dem Moos den Kampf an.

So geht's

1

Den Lieblingsgartenschuh als Schablone verwenden und den linken und den rechten Schuhumriss auf jeweils ein Brett übertragen.

2

Mit je 4 Schrauben je 2 Bretter zusammenfügen.

3

Die Formen aussägen. Für sauberes Arbeiten die Stichsäge mehrfach ansetzen. Die Kanten brechen.

4

Die Verbindungsschrauben lösen und auf einem der beiden unteren Bretter ein Bohrraster mit 3 cm Abständen anzeichnen.

5

Die beiden unteren Bretter übereinanderlegen und die Löcher vorbohren.

6

Die Bretter voneinander trennen und bei beiden Brettern die Nägel durch die Löcher hämmern.

»Bohren Sie die Nagellöcher kleiner als den Nageldurchmesser vor. So haben die Nägel in der Platte einen guten Halt.«

SILKES TIPP

7

Klettband in vier gleich lange Streifen schneiden, Haken- und Flauschstreifen des Klettbandes voneinander trennen und auf der Unterseite des oberen Bretts von der Mitte weg je einen Haken- und einen Flauschstreifen festtackern.

8

Oberes und unteres Brett wie in Schritt 2 beschrieben wieder verbinden. Gartenschuh daraufstellen, Klettband schließen und überschüssige Enden abschneiden.

Kompostsieb

    1 Stunde

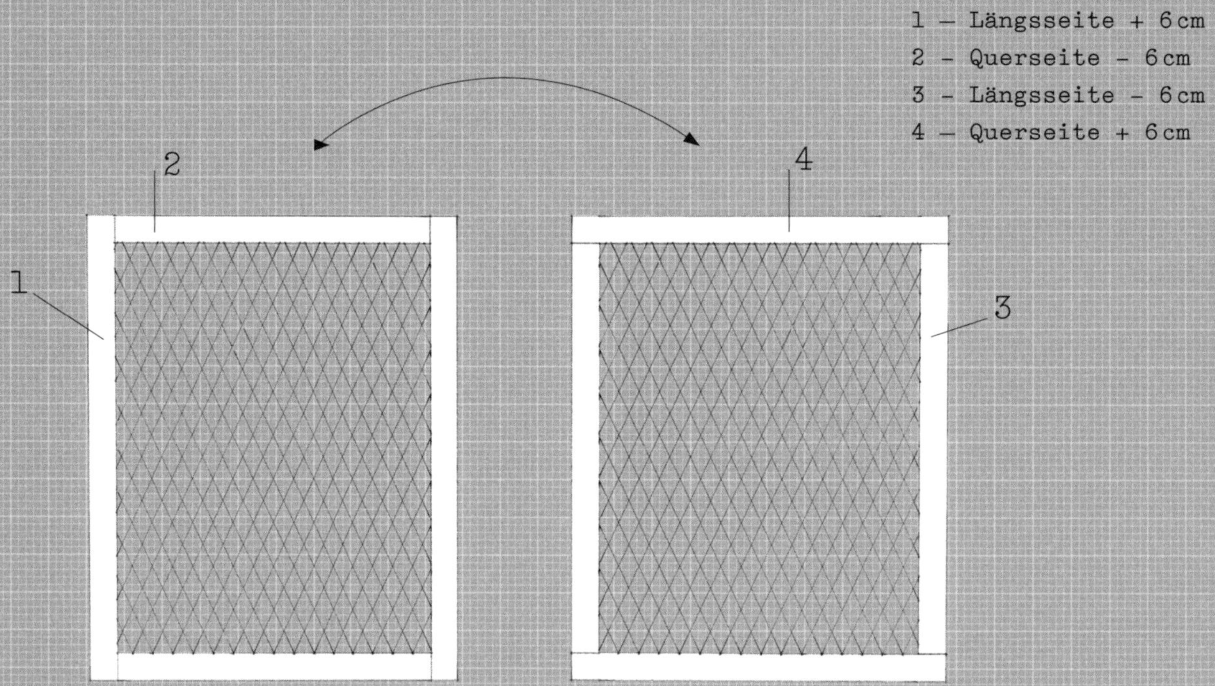

1 — Längsseite + 6 cm
2 — Querseite − 6 cm
3 — Längsseite − 6 cm
4 — Querseite + 6 cm

2

4

1

3

Werkzeug

- Bleistift
- Meterstab
- Schraubzwinge
- Bohrer, 4 mm Ø
- Akkuschrauber
- Drahtschere
- Hammer

Material

- Holzlatten, 2,2 × 6 cm
  2 × Längsseite der Schubkarrenwanne + 6 cm (1)
  2 × Längsseite der Schubkarrenwanne − 6 cm (3)
  2 × Querseite der Schubkarrenwanne + 6 cm (4)
  2 × Querseite der Schubkarrenwanne − 6 cm (2)
- Kaninchendraht, Längsseite × Querseite der Schubkarrenwanne
- 8 Schrauben, 3,5 × 35 mm
- 16 Schrauben, 3,5 × 90 mm
- Krampen

Der Clou an diesem selbst gebauten Kompostsieb ist, dass es genau passend auf der Schubkarrenwanne aufliegt und die frisch gesiebte Komposterde direkt an den Ort transportiert werden kann, an dem sie verteilt werden soll.

So geht's

1

Die Schubkarre vermessen, die Maße anzeichnen und das Material entsprechend zusägen.

2

Beide Rahmen auf festem Untergrund zusammenlegen und die Verbindungen markieren. Dazu die Breite der Latten mit Linien etwa dritteln und eine fortlaufende Zahl auf die jeweils aneinanderliegenden Brettenden schreiben, um die Rahmen später wieder zusammensetzen zu können.

3

Die Bretter zur Stabilität mit einer Schraubzwinge zusammenhalten. Die Linien über die Kante verlängern und die Löcher vorbohren.

4

Die Rahmen wieder zusammensetzen – die Zahlen dienen dabei als Hilfe – und mit den langen Schrauben zusammenfügen.

Den Kaninchendraht mit der Drahtschere auf die richtige Größe zuschneiden und mit Krampen im Abstand von etwa 10 cm auf einem der Rahmen befestigen.

Den zweiten Rahmen darauflegen und mit den kürzeren Schrauben verbinden. Die Schrauben in den Ecken möglichst mittig setzen, damit sie nicht auf die querlaufenden Schrauben treffen.

IHRE PFLANZEN WERDEN ES IHNEN
MIT REICHER ERNTE DANKEN!

Werkzeughalter

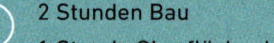
2 Stunden Bau
1 Stunde Oberflächenbehandlung

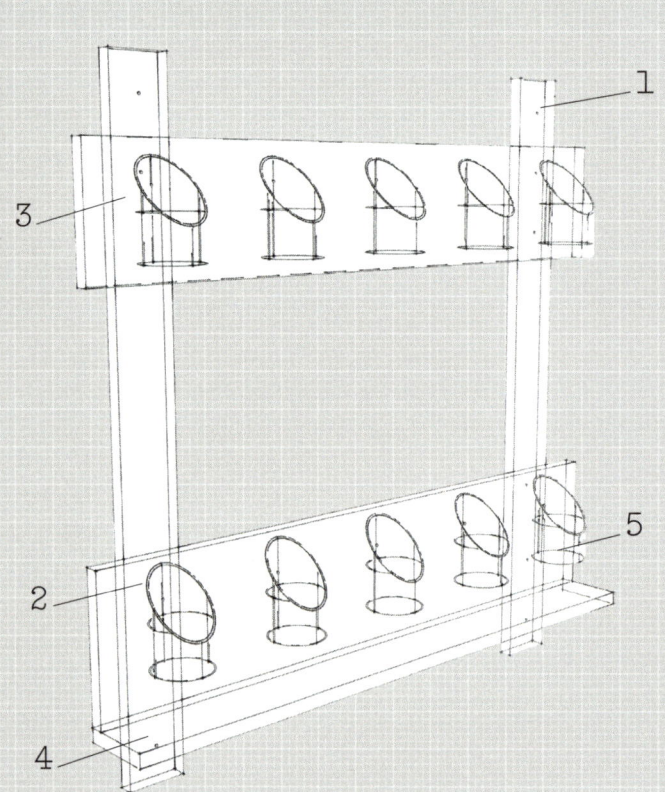

1 — Aufrechte Wandbretter
2 — Unteres Querbrett
3 — Oberes Querbrett
4 — Haltebrett
5 — Abflussrohr

Werkzeug

- Bleistift
- Meterstab
- Japansäge
- Schleifpapier, 80er-Körnung, und Schleifklotz
- Bohrer, 4 mm Ø
- Akkuschrauber
- Geodreieck
- Marker

Material

- Holzbretter, 19 mm stark
  2 Stück, 8 × 90 cm (1)
  1 Stück, 24 × 82 cm (2)
  1 Stück, 17 × 82 cm (3)
  1 Stück, 10 × 82 cm (4)
- Abflussrohr, 8 cm Ø, 100 cm lang (5)
- 11 Schrauben, 3,5 × 35 mm
- 10 Schrauben, 3,5 × 16 mm
- 4 Schrauben für die Montage,
  je nach Hauswand
- Farbe oder Lack nach Belieben

Erst gestern sind Ihnen beim Betreten des Schuppens mal wieder alle Gartengeräte entgegengefallen? Mit diesem Werkzeughalter kommt endlich Ordnung in die Bude!

So geht's

1

Das Material anzeichnen und zusägen und alle Kanten brechen.

2

Auf dem Haltebrett Nr. 4 drei Löcher regelmäßig verteilt anzeichnen und vorbohren. Brett Nr. 2 mit 35-mm-Schrauben daran befestigen.

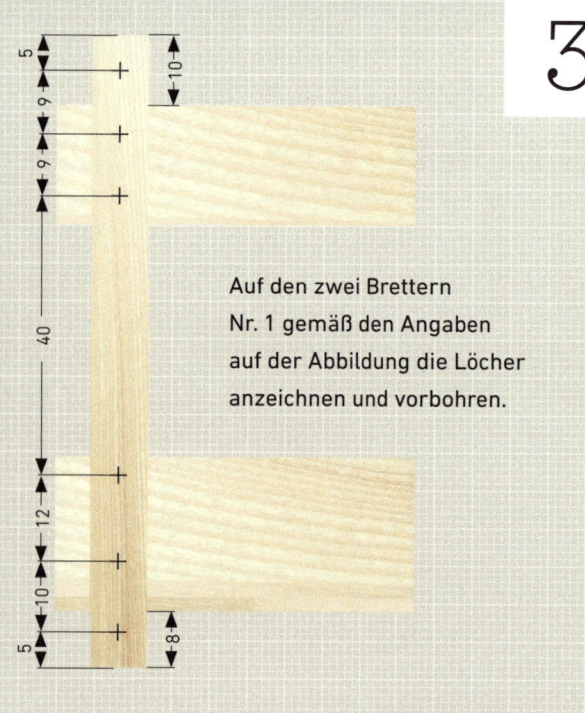

3

Auf den zwei Brettern Nr. 1 gemäß den Angaben auf der Abbildung die Löcher anzeichnen und vorbohren.

4

Alle Bretter verschrauben. Dabei sollten die Bretter im 90-Grad-Winkel zueinander liegen.

5

Wenn Sie den Werkzeughalter an einer Außenwand anbringen wollen, sollten Sie die Oberfläche behandeln, damit er gegen Witterungseinflüsse geschützt ist. Ausreichend trocknen lassen.

6

Die Rohre sollen jeweils ein Endmaß von 12 cm haben. Dafür mithilfe von Geodreieck und Marker die 45-Grad-Winkel zum Abtrennen der Rohrabschnitte vorzeichnen und mit der Japansäge absägen.

7

Mittig in der Öffnung ein Loch vorbohren.

8

Die Rohrabschnitte mit den kurzen Schrauben an dem Holzgestell befestigen.

JETZT IST ENDLICH ALLES GRIFFBEREIT – UND ES SIEHT AUCH NOCH SCHÖN AUS!

Rund ums Gartenhaus

Mit diesen originellen Ideen können Sie Ihr Gartenhaus verschönern. Denn nicht nur die Blumenbeete sollen Ihnen Freude machen, sondern auch das Betrachten Ihrer Laube.

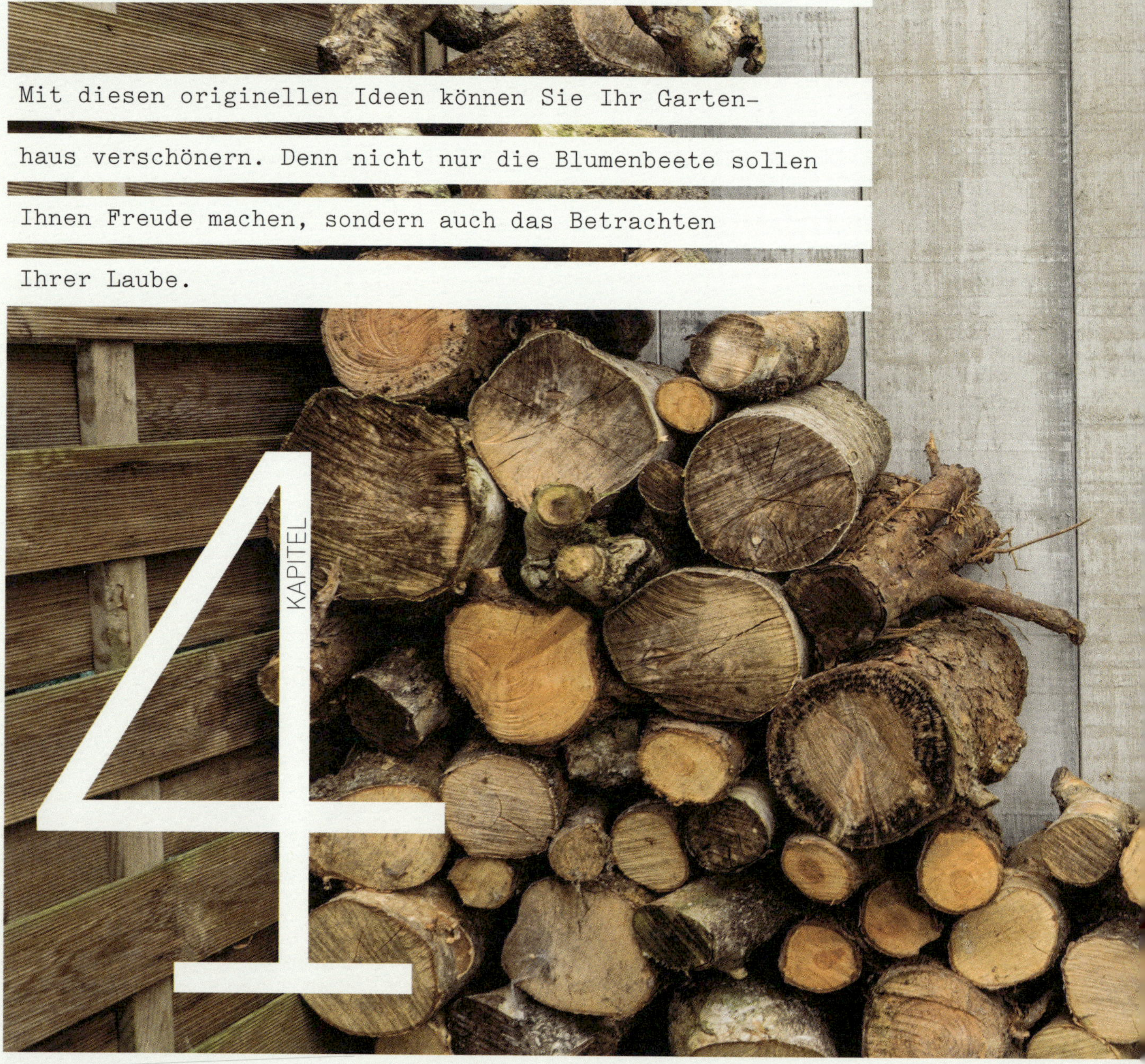

4 KAPITEL

Regentonnenverkleidung

2 Stunden

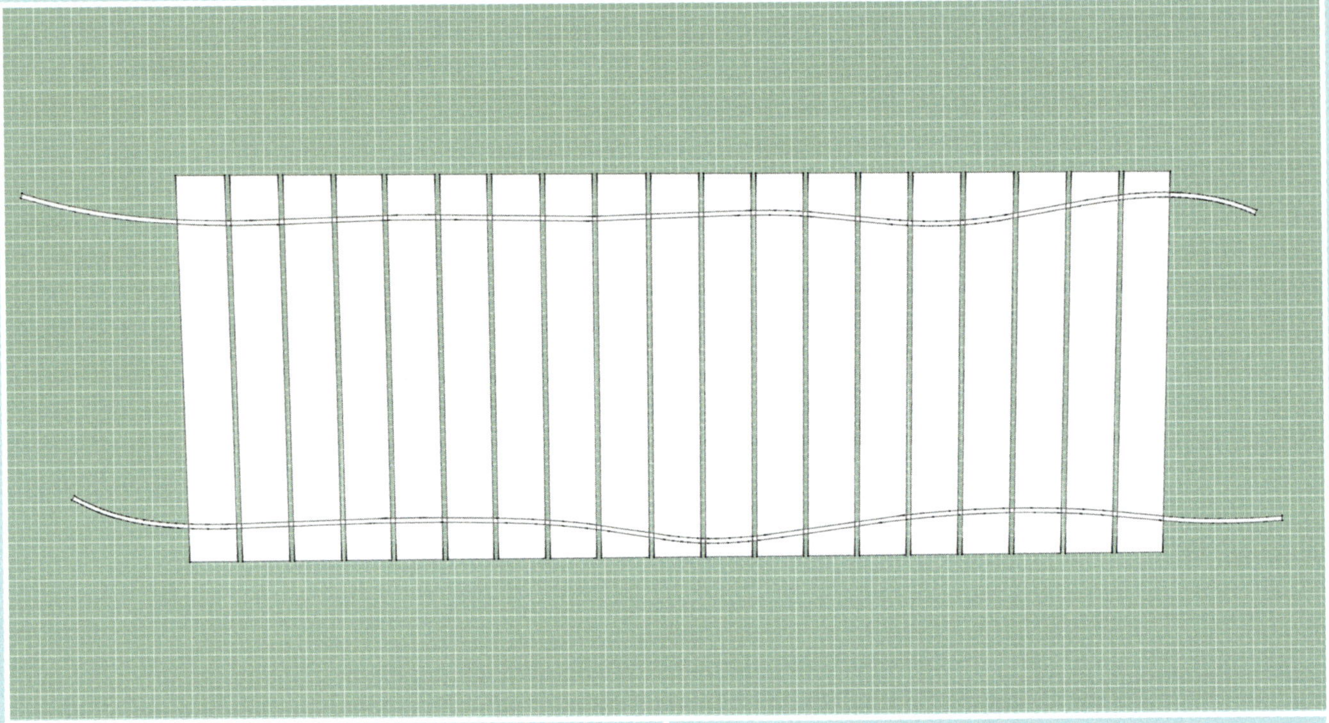

Werkzeug

- Textilklebeband
- Meterstab
- Säge oder Stichsäge
- Schleifpapier, 80er-Körnung, und Schleifklotz
- Pinsel
- Hammer
- Seitenschneider
- Klammertacker
- Schere

Material

- Regentonne, 70 cm Ø, 310 l
- 2 Stahlseile, ca. 1 mm Ø, 100 cm lang
- 19 Verschalungslatten, 2,2 × 10 × 82 cm
- Öl oder Lack
- Krampen
- 2 Klemmen für Stahlseile
- 2 Juteseile, ca. 5 mm Ø, 100 cm lang
- Farbe nach Belieben

Eine Regentonne ist praktisch, jedoch leider oft kein hübscher Anblick im Garten. Aber was nicht schön ist, wird schön gemacht — mit einer eleganten Holzverkleidung!

So geht's

1

Den Umfang der Tonne (bei konischer Form) oben und unten mit etwa 10 cm Abstand zum Rand bzw. zum Boden mit dem Stahlseil abmessen und die erforderliche Länge mit Klebeband markieren.

2

Die Höhe der Seitenwand der Tonne ausmessen und die Latten entsprechend ablängen. Die Sägekanten mit Schleifpapier glätten.

3

Die Latten mit Lack oder Öl behandeln. Die Innenseite der Holzverkleidung ist zwar nicht sichtbar, es lohnt sich aber, auch diese zu versiegeln, weil das die Haltbarkeit verlängert.

4

Alle Latten mit der Innenseite nach oben auf einem festen Untergrund auslegen und die beiden Stahlseile darüberlegen.

5

Die Stahlseile mit etwa 10 cm Abstand zur Ober- und Unterkante mit je zwei Krampen pro Latte befestigen. Die Krampen nur so weit einschlagen, dass die Seile beweglich bleiben.

6

Die Tonne auf den Kopf stellen und die Latten darum herumlegen. Für diesen Arbeitsschritt bitten Sie am besten eine zweite Person um Hilfe.

7

Die Latten regelmäßig ausrichten. Dann die Stahlseile stramm ziehen und mit den Klemmen befestigen. Überschüssiges Seil mit dem Seitenschneider abtrennen.

8

Auf der Außenseite auf Höhe der Stahlseile das Juteseil um die Verkleidung legen und mit dem Klammertacker befestigen. Das Ende unterschlagen und überschüssiges Seil abschneiden.

Kronkorkensammler

1 Stunde

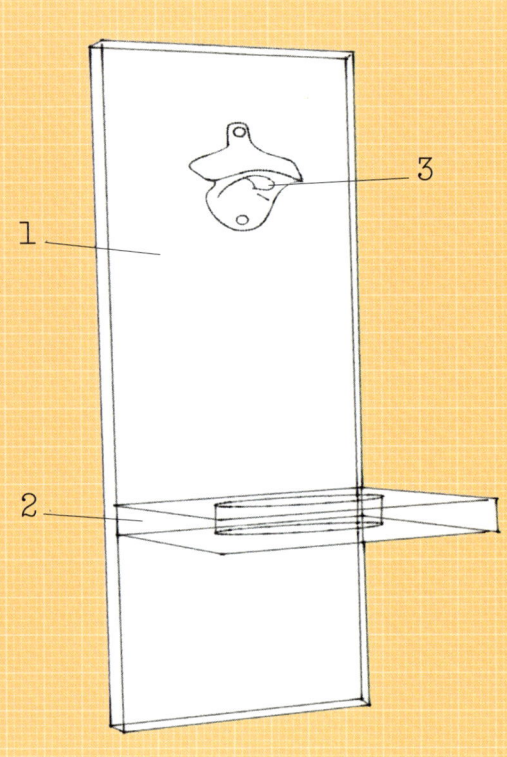

1 — Rückwand
2 — Querbrett
3 — Wandflaschenöffner

Werkzeug

- Zirkel
- Bleistift
- Bohrer, 4,5 mm Ø
- Bohrer, 10 mm Ø
- Akkuschrauber
- Stichsäge
- Meterstab
- Schleifpapier, 80er-Körnung, und Schleifklotz

Material

- 1 Holzbrett, 1,9 × 46 × 17 cm (1)
- 1 Holzbrett, 1,9 × 15 × 17 cm (2)
- 1 Wandflaschenöffner (3)
- 2 Schrauben, 4 × 35 mm
- 2 Schrauben, 3,5 × 16 mm
- 4 Schrauben für die Montage, je nach Hauswand
- Blumentopf, 10 cm Ø
- Farbe oder Lack nach Belieben

Ein raffiniertes Hilfsmittel für entspannte Abende im Garten: Nicht nur die Suche nach dem Flaschenöffner hat hiermit ein Ende, sondern auch das lästige Bücken nach den Kronkorken. Sie werden aufgefangen und direkt gesammelt.

So geht's

1

Auf Brett Nr. 2 mit dem Zirkel einen Kreis mit einem Radius von 52 mm mittig anzeichnen. Mit dem 10-mm-Bohrer ein Loch für das Sägeblatt vorbohren und mit der Stichsäge den Kreis aussägen. Die Kanten brechen.

2

Auf der Rückwand (Brett Nr. 1) alle Löcher gemäß den Angaben auf der Abbildung anzeichnen.

3

Die Löcher auf Brett Nr. 1 mit dem 4,5-mm-Bohrer vorbohren.

4

Die Bretter zusammenschrauben.

5

Den Wandflaschenöffner an der Rückwand anschrauben.

6

Den Kronkorkensammler an der Gartenhauswand befestigen und den Blumentopf einhängen.

ÖFFNEN UND ZISCH!

Der Garten ist mein Laufsteg

und Gummistiefel sind meine Pumps.

Gummistiefelhalter

1 Stunde Bau
30 Minuten Oberflächenbehandlung

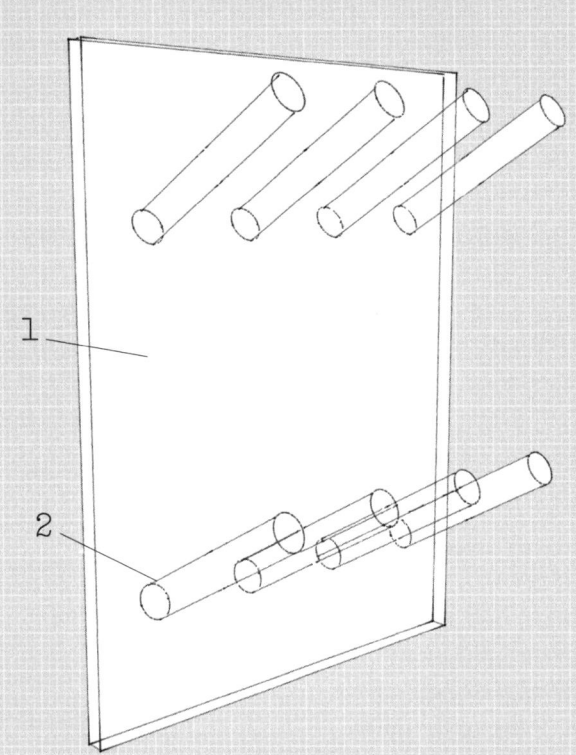

1 — Rückwand
2 — Rundhölzer

Werkzeug

- Meterstab
- Bleistift
- Bohrer, 4 mm Ø
- Akkuschrauber
- Schraubzwinge
- Winkelmesser oder Geodreieck
- Säge
- Schleifpapier, 80er-Körnung, und Schleifklotz
- Pinsel

Material

- 1 Holzbrett, 1,9 × 55 × 65 cm (1)
- 8 Rundhölzer, 3,5 cm Ø, 23 cm lang (2)
- 8 Schrauben, 3,5 × 35 mm
- 4 Schrauben für Montage, je nach Hauswand
- Buntlack

An dieser Garderobe können auch verschmutzte Stiefel aufgehoben werden. So hat die ganze Familie ihre Gartenschuhe immer griffbereit.

So geht's

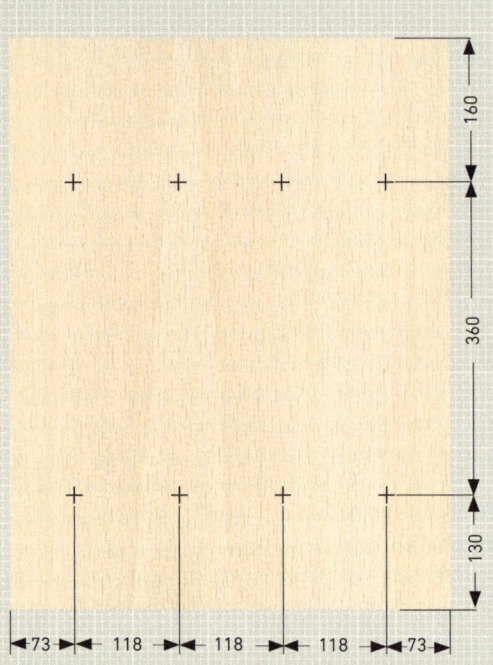

1

Auf dem Brett die Löcher gemäß den Angaben auf der Abbildung anzeichnen und vorbohren.

2

Bei allen Rundhölzern an einem Ende einen 60-Grad-Winkel anzeichnen, absägen und die Kanten glätten.

3

Das Brett und die sichtbaren Enden der Rundhölzer lackieren und gut trocknen lassen.

4

Die Rundhölzer am Brett anschrauben und den Gummistiefelhalter an der Gartenhauswand befestigen.

BIRTES TIPP

»An dem Gummistiefelhalter können Sie auch gut Ihre feuchten Gartenhandschuhe zum Trocknen aufhängen.«

Hochbeet

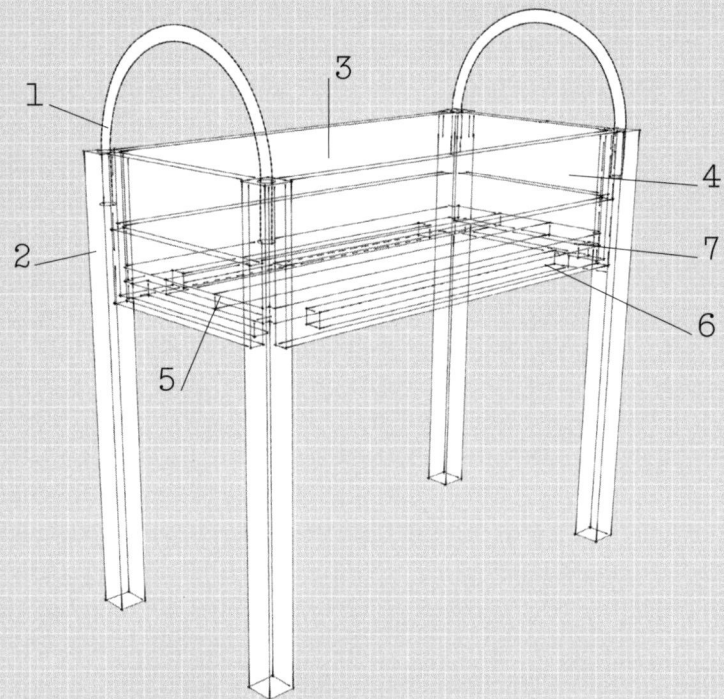

1 – Seil
2 – Beine
3 – Lange Seitenwand
4 – Kurze Seitenwand
5 – Boden
6 – Bodenauflage lange Seite
7 – Bodenauflage kurze Seite

Werkzeug

- Bleistift
- Meterstab
- Säge
- Schleifpapier, 80er-Körnung, und Schleifklotz
- Cutter oder scharfes Messer
- Forstnerbohrer, 22 mm Ø
- Bohrer, 4 mm Ø
- Akkuschrauber
- Feuerzeug
- Klammertacker

Material

- 2 Synthetikseile, 2 cm Ø, 50 cm lang (1)
- 4 Latten, 1,9 × 10 × 65 cm (3)
- 4 Latten, 1,9 × 10 × 28 cm (4)
- 3 Latten, 1,9 × 10 × 67 cm (5)
- 4 Vierkanthölzer, 4 × 4 × 65 cm (2)
- 2 Vierkanthölzer, 2 × 2 × 50 cm (6)
- 2 Vierkanthölzer, 2 × 2 × 25 cm (7)
- 20 Schrauben, 3,5 × 35 mm
- 32 Schrauben, 3,5 × 65 mm
- Lack nach Belieben
- Pflanzfolie, ca. 110 × 80 cm
- Erde, 40 l

Ein Hochbeet hat zwei große Vorteile: Es ist ein Pflanzplatz, der für Schnecken schlechter und für den Menschen bequemer zu erreichen ist.

So geht's

1

Alle Materiallängen gemäß den Vorgaben (siehe S. 100) anzeichnen.

2

Das Material zusägen und die Kanten brechen.

3

Für die Befestigung der Seilgriffe mit dem Forstnerbohrer jeweils mittig ein 3–4 cm tiefes Loch in die Vierkanthölzer Nr. 2 bohren.

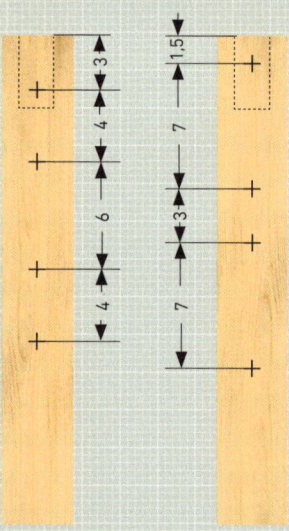

4

Die Löcher in den Vierkanthölzern Nr. 2 gemäß den Angaben auf der Abbildung anzeichnen.

5

Die Löcher mit dem 4-mm-Bohrer in den Vierkant-hölzern Nr. 2 vorbohren.

6

Die Vierkanthölzer Nr. 6 und Nr. 7 mittig an die Unter-seite von je zwei Latten Nr. 3 und Nr. 4 schrauben. Dafür die 35-mm-Schrauben benutzen.

7

Die Beine mit den Seitenteilen verbinden, dafür die 65-mm-Schrauben benutzen. Die obersten zwei Löcher zunächst auslassen.

8

Je zwei Ecken von zwei Bodenlatten Nr. 5 2–3 cm heraussägen. Die Bodenlatten einlegen und mit 10 der 35-mm-Schrauben festschrauben.

9

Die Schnittstellen an den Seilenden mit einem Feuerzeug verschmelzen. Das Schmelzen des Seils funktioniert nur bei Synthetik. Sollten Sie ein Hanfseil haben, verkleben Sie die Enden fest mit Tape.

10

Die Seilenden so tief wie möglich in die Löcher stecken und mit den 65-mm-Schrauben durch die beiden oberen Löcher befestigen.

11

Die Pflanzfolie hineinlegen und mit dem Klammertacker die Folie kurz unter der Oberkante befestigen. Mit dem 4-mm-Bohrer einige Löcher durch Folie und Boden bohren und die Erde einfüllen.

SILKES TIPP

»Damit das Seil beim Zerschneiden nicht auffasert, zuerst an der Schnittstelle mit einem Klebestreifen umwickeln, dann mit einem Cutter oder scharfen Messer durchtrennen.«

Für gemütliche Stunden

Der Garten ist ein wunderbarer Ort, um sich zu entspannen und auszuruhen. Mit diesen Projekten können Sie die freie Zeit und den Feierabend besonders gut genießen.

Viel Spaß beim Relaxen!

KAPITEL

5

Baumstammhocker

  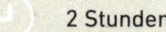 2 Stunden

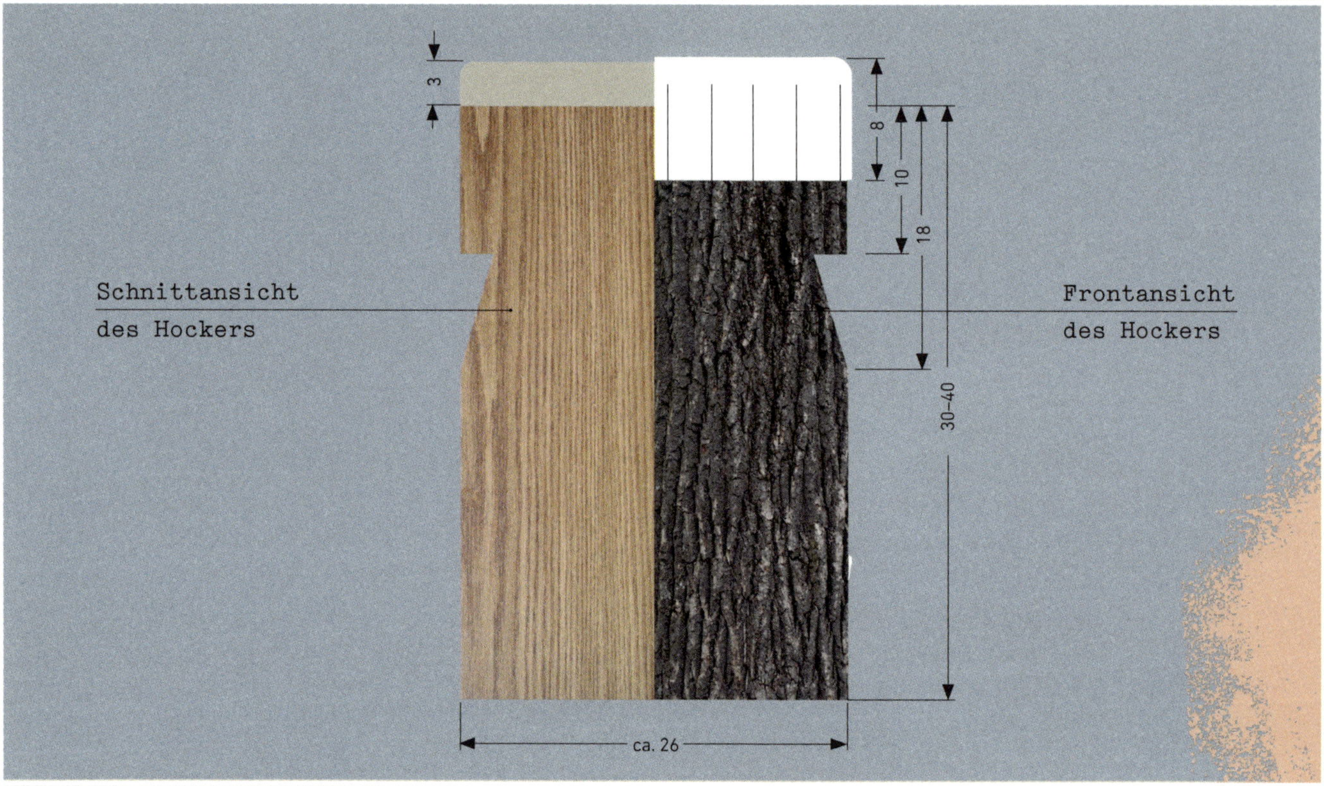

3

8

10

18

30–40

Schnittansicht
des Hockers

Frontansicht
des Hockers

ca. 26

Werkzeug

- Meterstab oder Maßband
- Fuchsschwanz, Japansäge oder Kettensäge
- Filzstift
- Schere
- Klammertacker

Material

- Baumstammblock, ca. 26 cm Ø, 30–40 cm hoch
- Schaumstoff, mindestens so groß wie Baumstammdurchmesser, Stärke ca. 3 cm
- Wachstuch, 50 × 50 cm
- Hanfband, ca. 150 cm

Hübsch anzusehen — und noch dazu superpraktisch: Dank der Tragekerben lassen sich die Hocker überall im Garten zu bunten Sitzinseln arrangieren oder als Kletterhilfen nutzen.

So geht's

1

10 cm und 18 cm unterhalb der Oberkante die Sägeschnitte für die Griffmulden markieren. Die beiden Griffmulden sollten sich genau gegenüberliegen.

2

Die Griffmulden mit der Säge herausschneiden.

3

Den Holzblock mit der Oberseite auf den Schaumstoff stellen, eine Linie um den Stamm ziehen und den Schaumstoff zuschneiden.

4

Holzblock aufstellen, Schaumstoffscheibe auflegen und das Wachstuch darüberlegen. Unterhalb der Oberkante rund um den Holzblock vorsichtig in Falten legen und festtackern.

5

Überstände rund um den Block etwa 8 cm unterhalb der Oberkante abschneiden.

6

Das Hanfband doppelt über den Ring aus Tacker-klammern legen, um diese zu verdecken. Das Ende unterschlagen und festtackern.

BIRTES TIPP

»Indem Sie auf einen zusätzlichen höheren Stamm eine runde Platte schrauben, können Sie ganz ein-fach einen Tisch für eine schöne Kindersitzgruppe anfertigen.«

Bäumchenbank

Werkzeug

- Meterstab
- Bleistift
- Zirkel
- Stichsäge
- Schleifpapier, 80er-Körnung, und Schleifklotz
- Pinsel
- Kreppband

Material

- Holzbrett 2,5 × 160–190 × 30 cm
- 2 Pflanzkübel mit Bäumchen, 40–45 cm Kübeldurchmesser
- Buntlack in verschiedene Farben oder Öl

Einfacher geht es kaum: Dieses Bänkchen ist im Nu

gebaut und ein wunderbarer Platz für sonnige

Pausen. Bei schlechtem Wetter ist es mit einem

Handgriff an einem trockenen Ort verstaut.

So geht's

1

Die untere Breite der Baumstämme messen (hier rund 6 cm) und die Aussparungen entsprechend mit Meterstab, Zirkel und Bleistift markieren.

2

Die Aussparungen mit der Stichsäge aussägen. Hierfür das Brett auf Klötze legen.

3

Die Kanten brechen, um Splitter zu entfernen.

4

Die Oberfläche beidseitig mit Lack oder Öl grundieren und trocknen lassen.

5

Mit dem Kreppband Streifen abkleben.

6

Streifen nach Belieben in verschiedenen Farben ausmalen.

Hollywoodschaukel

6 Stunden Bau
4 Stunden Oberflächenbehandlung

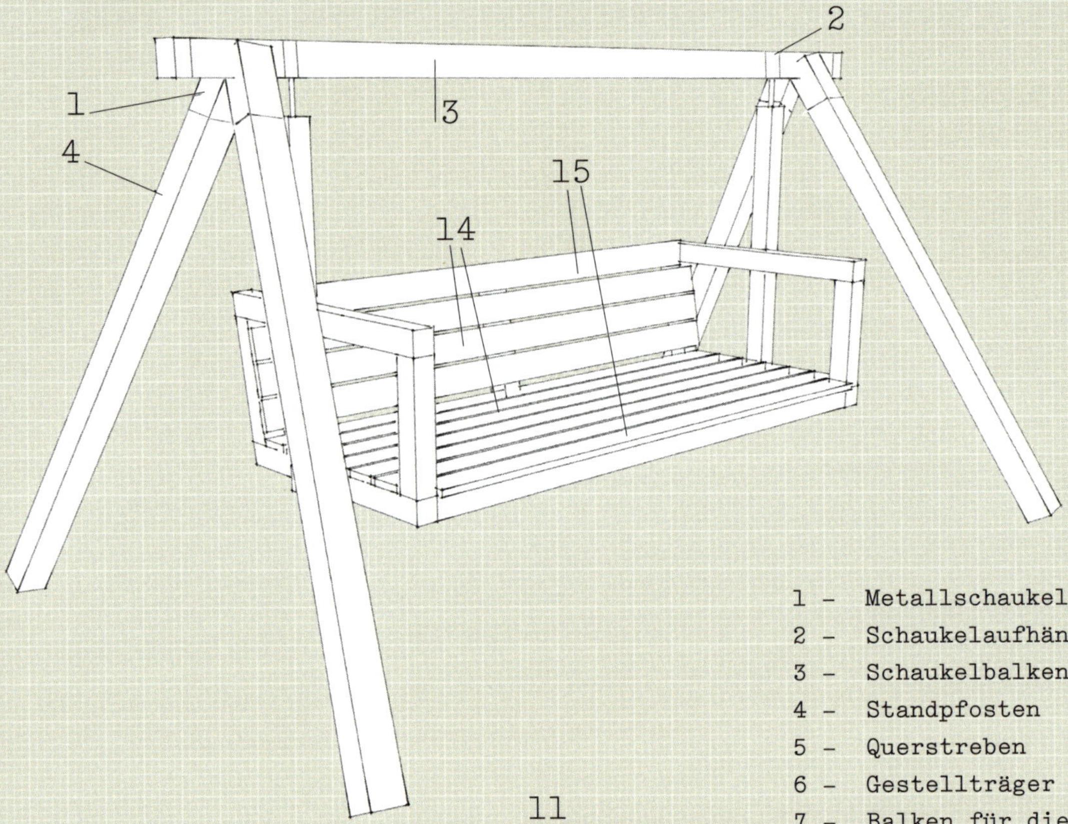

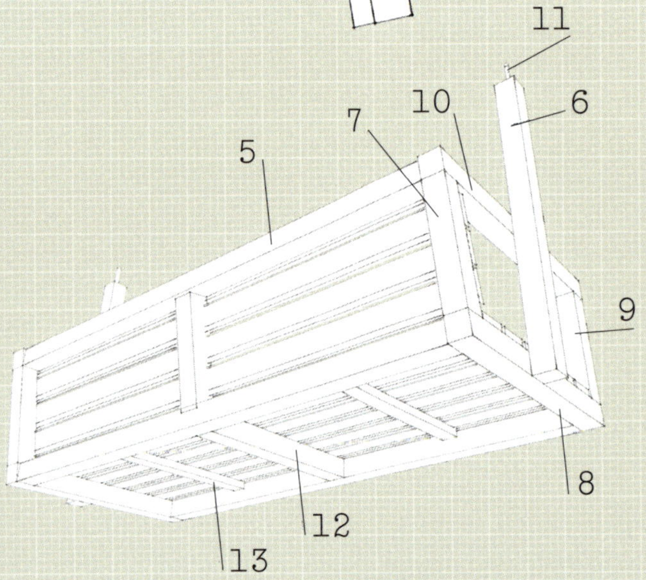

1 – Metallschaukelverbinder
2 – Schaukelaufhänger
3 – Schaukelbalken
4 – Standpfosten
5 – Querstreben
6 – Gestellträger
7 – Balken für die
Rückenlehne
8 – Balken für die Sitzfläche
9 – Senkrechte Balken
für die Lehne
10 – Waagerechte Balken
für die Lehne
11 – Schaukelhaken
12 – Querbalken
13 – Querbalken
14 – Latten für Sitzfläche
und Rückenlehne
15 – Äußere Latten für Sitzfläche und Rückenlehne

Werkzeug

- Geodreieck oder Winkelmesser
- Bleistift
- Japan- oder Stichsäge
- Schleifpapier, 80er-Körnung, und Schleifklotz
- Bohrer, 4 mm Ø
- Akkuschrauber
- Aufsatz für Sechskantschrauben

Material

Für das Gestell
- 2 Metallschaukelverbinder (1)
- Schaukelaufhänger, 9 × 9 cm (2)
- 1 Schaukelbalken, 9 × 9 × 300 cm (3)
- 4 Standpfosten, 9 × 9 × 200 cm (unten Schräge von 100 Grad) (4)
- 8 Sechskant-Holzschrauben, 5 × 60 mm

Für Sitzfläche und Rückenlehne
- Querbalken, 7,5 × 7,5 × 72 cm (12)
- 2 Querbalken, 6 × 3 × 67 cm (13)
- 9 Balken, 100 × 2 × 213 cm, für Sitzfläche und Rückenlehne (14)
- 2 Balken, 100 × 2 × 198 cm, für Sitzfläche und Rückenlehne (15)
- 44 Schrauben, 3,5 × 40 mm
- Farbe und Sprühlack nach Belieben

Für die Bank
- 3 Querstreben, 7,5 × 7,5 × 200 cm (5)
- 2 Gestellträger, 7,5 × 7,5 × 110 cm (6)
- 3 Balken, 7,5 × 7,5 × 42 cm (beidseitig Schräge von 100 Grad) (7)
- 2 Balken, 7,5 × 7,5 × 86 cm (hinten Schräge von 100 Grad) (8)
- 2 Balken, 7,5 × 7,5 × 40 cm (9)
- 2 Balken, 7,5 × 7,5 × 94 cm (hinten Schräge von 100 Grad) (10)
- 2 Schaukelhaken, 15 cm (11)
- 32 Schrauben, 5 × 160 mm

Der Klassiker unter den Gartenmöbeln! Jeder,

der diese Hollywoodschaukel in Ihrem Garten

sieht, wird sich sofort hineinsetzen wollen.

Auf ihr können Sie die Beine hochlegen und

die verdiente Pause genießen.

So geht's

1

Alle Materiallängen gemäß den Vorgaben (siehe S. 117) anzeichnen.

2

Alle Teile zusägen und die Kanten brechen. Holz- und Metalloberflächen nach Belieben behandeln.

3

Die Standpfosten und Metallschaukelverbinder mit Sechskant-Holzschrauben verbinden.

4

Die Aufhänger auf den Schaukelbalken fädeln. Dann die Standpfosten aufrichten und den Schaukelbalken in die Verbinder schieben. Hierfür sollten Sie eine zweite Person um Hilfe bitten. Den Balken so positionieren, dass er 22 cm seitlich herausragt, dann festschrauben.

5

Die Seitenlehnen so auslegen, dass die Querstücke (Nr. 10 und Nr. 8) durchgehen. Mit zwei Schrauben je Verbindung zusammenschrauben. Die Schrauben werden immer diagonal in den Balkenquerschnitt gesetzt. Diese Positionierung sorgt für die maximale Stabilität.

6

Das Bankgestell zusammensetzen, wieder 2 Schrauben je Verbindung verwenden.

7

Die Gestellträger Nr. 6 mit 45 cm Abstand von der Vorderkante der Seitenlehne festschrauben.

8

In die Gestellträger mit dem 4-mm-Bohrer mittig ein Loch vorbohren und die Schaukelhaken eindrehen. Beim ersten Haken kann der zweite Haken als Schraubhilfe benutzt werden.

Für die Sitzfläche und die Rückenlehne die Latten Nr. 14 und Nr. 15 in regelmäßigen Abständen am Gestell festschrauben.

Die Querbalken Nr. 13 mittig als Stabilisierung unter die Sitzfläche schrauben. Das Bankgestell einhängen, dabei sollte wieder ein Gartenfreund helfen.

DRAUFSETZEN UND SICH FÜHLEN WIE EIN STAR!

SILKES & BIRTES TIPP

»Damit die Schaukel noch stabiler steht, können Sie die Standpfosten mit Bodenankern sichern.«

Im Garten beginnt das Leben.

Getränketräger

 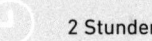

2 Stunden

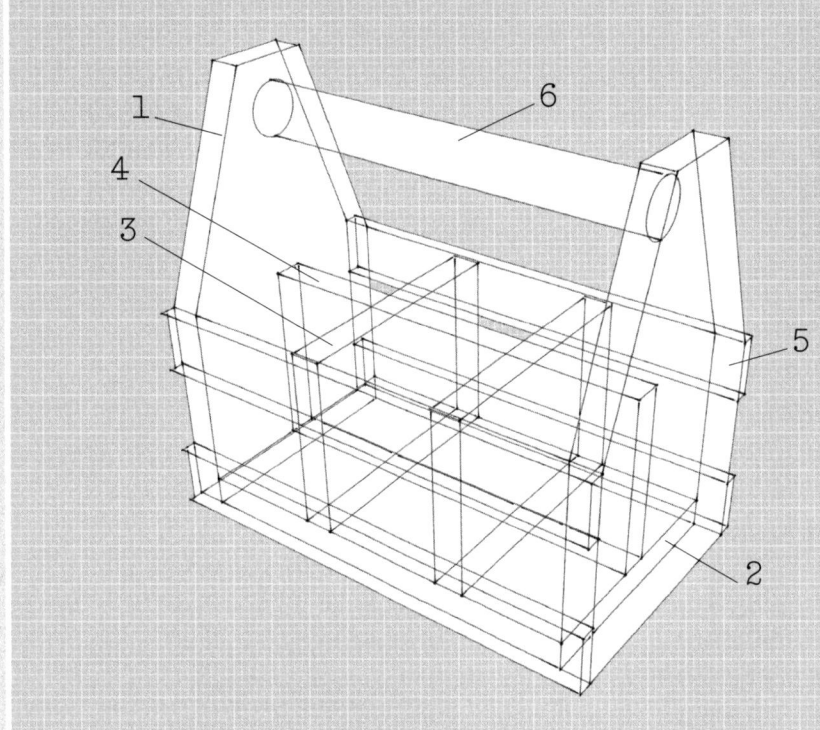

1 – Seitenteil
2 – Boden
3 – Innenteilung quer
4 – Innenteilung längs
5 – Leisten
6 – Griff

Werkzeug

- Bleistift
- Meterstab
- Japansäge
- Schraubzwinge
- Bohrer, 4 mm Ø
- Akkuschrauber
- Schleifpapier, 80er-Körnung, und Schleifklotz
- Stecheisen
- Hammer
- Stichsäge
- Holzleim

Material

- 2 Holzbretter, 2 × 16 × 28 cm, für die Seitenteile (1)
- 1 Holzbrett, 2 × 16 × 26,5 cm, für den Boden (2)
- 2 Holzbretter, 2 × 12 × 16 cm,
  für Innenteilung quer (3)
- 1 Holzbrett, 2 × 12 × 26,5 cm,
  für Innenteilung längs (4)
- 4 Leisten, 1 × 4 × 30,5 cm (5)
- Axtstiel, Ast oder Rundholz, 3,5 cm Ø, für den Griff (6)
- 6 Schrauben, 3,5 × 45 mm,
  für Korpus und Innenteilung
- 12 Schrauben, 3,5 × 25 mm, für die Leisten

Schnappen Sie sich den Getränketräger, befüllen
Sie ihn mit passenden Getränken und laden Sie
Ihre Freunde auf eine Feierabendrunde ein!

So geht's

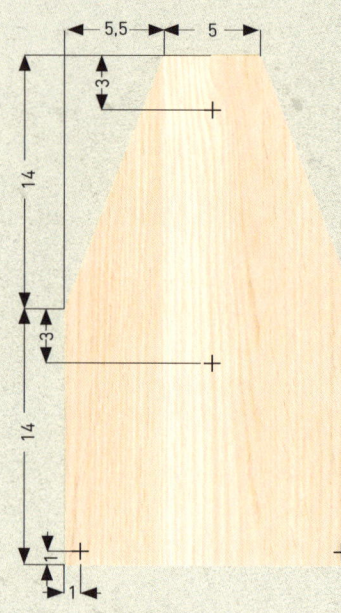

1

Alle Maße gemäß den Angaben auf der Abbildung auf den Seitenbrettern anzeichnen, zusägen und die Kanten brechen.

2

Die Löcher für die Griffaufnahme, den Boden und die Innenteilung in Längsrichtung mit dem 4-mm-Bohrer vorbohren.

3

Bei der Innenteilung wird eine sogenannte Kreuz-überblattung hergestellt. Die Brettstärke der Innenteilung mittig auf den beiden Innenteilungsbrettern Nr. 3 anzeichnen und bis zur halben Bretthöhe mit der Stichsäge vorsägen. Den verbleibenden Steg mit dem Stecheisen abstechen. Die Länge des Innenteilungsbretts Nr. 4 dritteln und das Heraustrennen der Schlitze wiederholen.

4

Die Innenteilungsbretter ineinanderschieben. Dabei etwas Leim angeben.

5

Seitenteile und Boden miteinander verschrauben.

6

Die Innenteilung einsetzen und mit zwei Schrauben mit den Seitenteilen verschrauben. Die Leisten mit den 25-mm-Schrauben befestigen.

7

Das Holz für den Griff abmessen, zusägen und anschrauben.

Hocker mit Blattmuster

2 Stunden Bau
5 Tage Trocknung

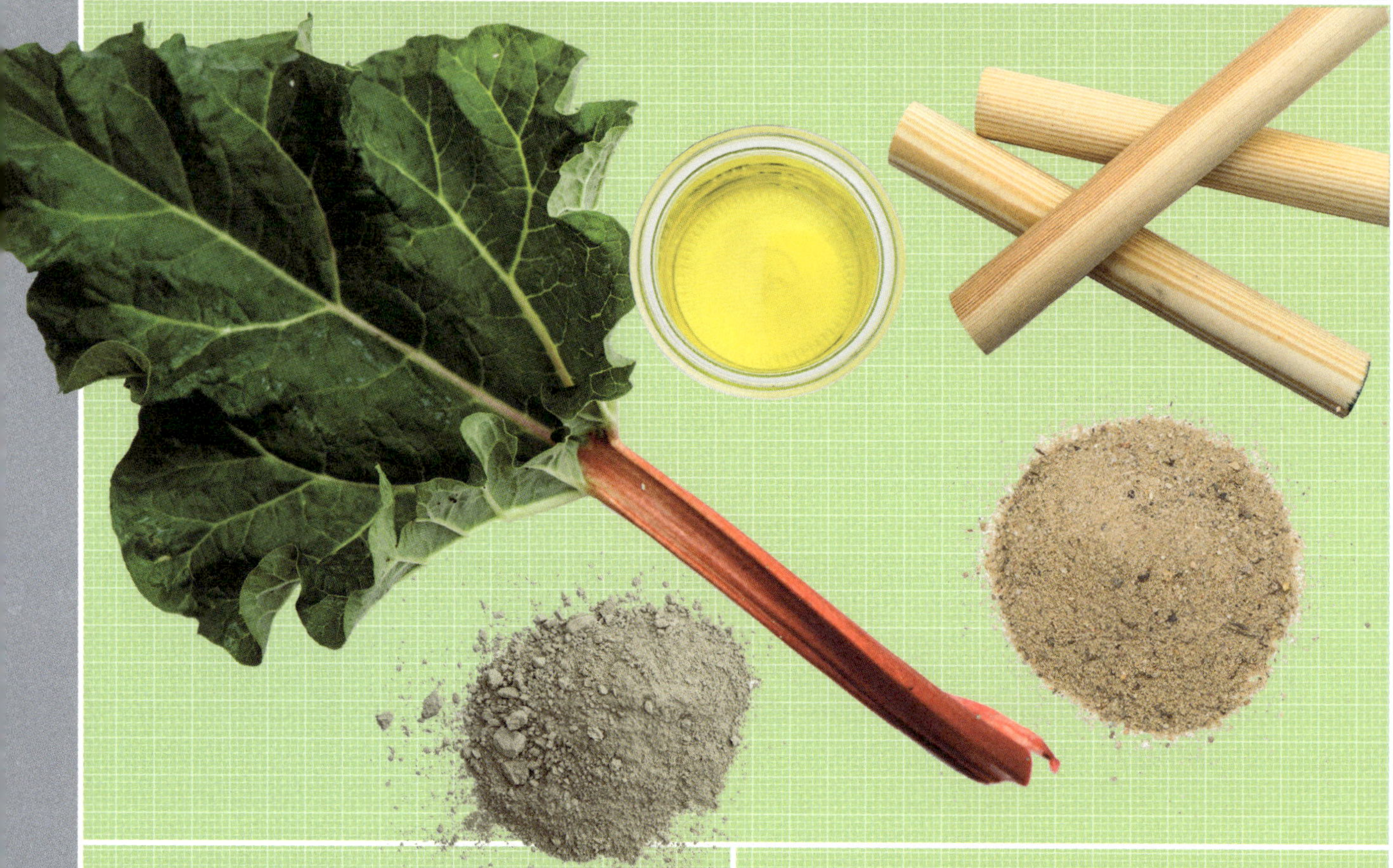

Werkzeug

- Geodreieck
- Bleistift
- Meterstab oder Maßband
- Japansäge
- Schleifpapier, 80er-Körnung, und Schleifklotz
- Zirkel
- Stichsäge
- Bohrer, 5 mm Ø
- Akkuschrauber
- Kunststoffeimer, ca. 35 cm Bodendurchmesser
- Schere
- Eimer und Stock zum Anrühren des Betons
- Schwamm

Material

- 3 Rundhölzer, 4 cm Ø, 45 cm lang
- Holzplatte, 1,2–1,8 × 35 × 35 cm
- 3 Schrauben, 4,5 × 120 mm
- Betontrennmittel, z. B. Pflanzenöl
- Rhabarberblatt
- Blitzbeton, 3 kg
- Wasser
- Öl

Eine tolle Holz-Beton-Kombi! Stellen Sie aus einfachsten Mitteln ein Kleinmöbel her, das praktisch und etwas Besonderes zugleich ist.

So geht's

1

Mit dem Geodreieck beidseitig eine 5-Grad-Schräge an die Rundhölzer anzeichnen, sodass das Endmaß bei allen Beinen gleich ist, und mit der Japansäge ablängen. Die Kanten brechen.

2

Für die Sitzfläche den Bodendurchmesser des Eimers ausmessen und auf der Holzplatte einen 3 cm kleineren Kreis einzeichnen. Der Beton soll später maximal 2 cm überstehen, da er sonst abbrechen kann. Die Platte auf einer kleinen Auflage abstützen und mit der Stichsäge zuschneiden.

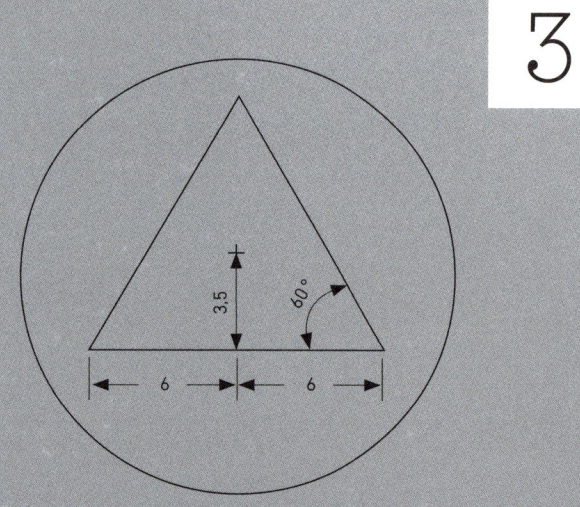

3

Für die Positionen der Hockerbeine das Zentrum des Kreises anzeichnen und darüber ein gleichseitiges Dreieck anzeichnen.

4

Die Platte mit einem 5-mm-Bohrer vorbohren und die Beine an den abgeschrägten Enden mit den Schrauben fixieren.

5

Betontrennmittel auf das Rhabarberblatt auftragen, den Stiel abschneiden und das Blatt mit der Oberseite nach unten in den Eimer legen.

6

Beton nach Packungsangabe anrühren und eine 3 cm dicke Schicht auf das Rhabarberblatt aufschütten. 2–3 Minuten sanft rütteln, damit eventuelle Hohlräume geschlossen werden.

7

Den Hocker mit der Sitzfläche nach unten auf den Beton setzen und so tief eindrücken, dass der Beton seitlich mit der Holzplatte abschließt. Fünf Tage aushärten lassen, allerdings nicht in der Sonne, da dies zu Trocknungsrissen führen kann.

8

Herauslösen, das Rhabarberblatt mit Wasser einweichen und vorsichtig mithilfe eines Schwamms ablösen. Die Sitzfläche mit Öl einstreichen, dies verleiht der Oberfläche einen seidigen Glanz und betont die Struktur.

SILKES TIPP

»Ohne Hockerbeine und Holzplatte können Sie auf die gleiche Weise schöne Trittsteine herstellen.«

Spielzelt

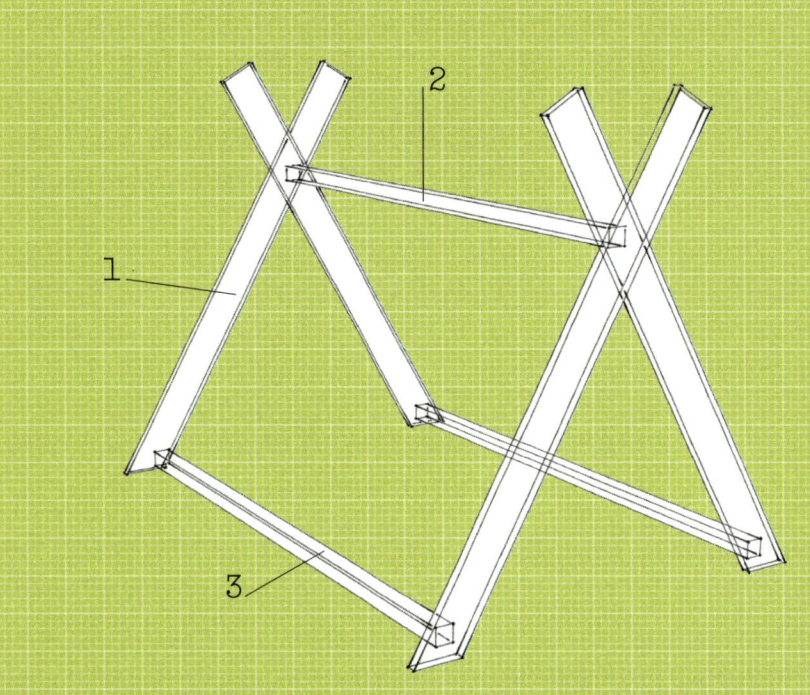

1 – Schrägteile
2 – Oberer Querträger
3 – Unterer Querträger

Werkzeug

- Bleistift
- Geodreieck oder Winkelmesser
- Säge
- Meterstab
- Schleifpapier, 80er-Körnung, und Schleifklotz
- Bohrer, 6 mm Ø
- Bohrer, 10 mm Ø
- Akkuschrauber
- Schere oder Nahttrenner

Material

- 4 Holzlatten, 2 × 10 × 130 cm, für Schrägteile (1)
- 1 Holzlatte, 4 × 4 × 130 cm, für Querträger oben (2)
- 2 Holzlatten, 4 × 4 × 132 cm, für Querträger unten (3)
- 6 Stockschrauben, 50 mm Feingewinde, 8 mm Holzgewinde
- 6 Flügelmuttern, 8 mm
- 1 Bettbezug, 200 × 135 cm

Bauen Sie dieses Zelt zusammen mit Kindern. Und danach wird gemeinsam im kühlen Schatten relaxt.

So geht's

1

Eine 60-Grad-Schräge an die Schrägteile anzeichnen und absägen. Alle weiteren Teile zusägen und die Kanten brechen.

2

In die Stirnseiten der Querträger mittig ein 6-mm-Loch bohren.

3

Die Stockschrauben so eindrehen, dass das Feingewinde herausschaut.

4

In die Schrägteile 10-mm-Durchgangslöcher bohren. Das erste Loch mit 6 cm Abstand von der Schräge, das zweite mit 90 cm Abstand zum ersten Loch bohren.

5

Die Schrägteile und den oberen Querträger zusammensetzen.

6

An der Kopfseite des Bettbezugs seitlich Löcher hineinschneiden oder die Naht auftrennen. Den Bettbezug mittig über den oberen Querträger hängen und den Stoff auf die unteren Querträger ziehen.

7

Untere Querträger mit den Flügelmuttern befestigen.

KÖFFERCHEN PACKEN UND EINZIEHEN!

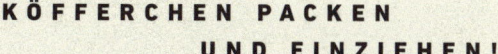

Schaukel

Werkzeug

- Zirkel
- Bleistift
- Stichsäge
- Bohrer, 12 mm Ø
- Akkuschrauber
- Schleifpapier, 80-Körnung, und Schleifklotz
- Pinsel
- Schere
- Feuerzeug
- Hammer

Material

- Holzbrett, 2,3 × 17 × 45 cm
- Lack oder Öl
- 2 Seile, 10 mm Ø, doppelte Länge der Asthöhe (Schaukelseil)
- 1 Seil, 10 mm Ø, ca. 9 m lang (Sitzfläche)
- Krampen
- 2 Rundschlingen, Länge mindestens doppelter Umfang des Astes
- 2 Karabiner, bis mind. 100 kg belastbar
- Farbe nach Belieben

Ein starker Ast, der über den Rasen ragt, verlangt nach einer Schaukel. Nicht nur für Kinder ein großer Spaß!

So geht's

1

Die Stabilität des Astes, an dem die Schaukel aufgehängt werden soll, prüfen. Er muss kräftig und darf nicht morsch sein. Idealerweise verläuft der Ast relativ waagerecht zum Stamm. Die Schaukel sollte nicht zu nahe am Baumstamm angebracht werden, sonst besteht die Gefahr, beim Schaukeln mit diesem zu kollidieren.

2

Am Holzbrett mit einem Zirkel oder einem anderen Hilfsmittel runde Ecken mit etwa 10 cm Durchmesser anzeichnen. Mit der Stichsäge die Rundungen absägen, die Aussparungen heraussägen und die Kanten brechen.

3

Die Bohrlöcher und die seitliche Aussparung gemäß den Angaben auf der Abbildung anzeichnen und die Löcher mit den 12-mm-Bohrer bohren.

4

Mit der Stichsäge die Aussparung heraussägen und die Kanten brechen. Danach das Sitzbrett zum Schutz gegen Feuchtigkeit mit Lack oder Öl behandeln.

5

Die Enden je eines Seils durch die Löcher einer Seite des Sitzbretts stecken.

6

Die Schnittstellen an den Seilenden mit einem Feuerzeug verschmelzen.

7

Unter dem Sitzbrett Knoten setzen. Dafür zwei Schlaufen machen und das Ende durchfädeln.

8

Mit dem 9 m langen Seil die Sitzfläche ummanteln. Dafür unter dem Brett ein Seilende mit Krampen befestigen.

So geht's

9

Etwa nach jeder vierten Umwicklung mit einer weiteren Krampe auf der Unterseite fixieren.

10

Am Ende das Seil stramm ziehen.

11

Das Seil auf der Unterseite unter einigen Bahnen hindurch zurück Richtung Mitte ziehen. Mit Krampen fixieren und Überschuss abschneiden.

12

Zum Aufhängen der Schaukel die Rundschlingen über den Ast legen, sodass sie auf beiden Seiten gleich lang herunterhängen. Die Schaukelseile in je einen Karabiner und diese in die Schlaufen der Rundschlinge einhängen.

DRAUFSETZEN UND DURCH DIE LÜFTE SCHWINGEN!

WICHTIGER HINWEIS

Überprüfen Sie die Schaukel regelmäßig auf Verschleiß und kontrollieren Sie den Zustand des Astes. Auch kleinere Kinder bewirken beim Schaukeln eine große Zugkraft an der Aufhängung.

Wir danken unseren
Sponsoren:

Festool GmbH
www.festool.com
Werkzeuge

DICTUM GmbH
www.dictum.com
Werkzeuge & Materialien

Osmo
www.osmo.de
Farben & Lacke

Johs. Wortmann
www.johs-wortmann.de
Pflanzen & Gartenbedarf

ÜBER DIE AUTORINNEN

Birte Gräser ist Tischlerin. Sie lebt mit ihrem Mann
und der gemeinsamen Tochter in Hamburg-Altona.
In ihrer Freizeit gibt sie Tischlerkurse und baut ihren
Garten zu ihrem persönlichen Paradies aus.
www.ebenista.de

Nach Abschluss eines Produktdesignstudiums
an der Hochschule für bildende Künste, Hamburg,
gründete **Silke Decker** 2008 ihr eigenes Studio in
Hamburg. Seitdem arbeitet sie sehr vielseitig.
Neben Produktentwicklungen für verschiedene
Firmen wie Rosenthal und WMF schuf sie die
künstlerische Technik des Kordelporzellans.
www.silkedecker.de

Die Idee zu diesem Buch kam den beiden Autorinnen
während gemeinsamer Stunden im Schrebergarten.

DANK

Wir möchten uns bei unseren Partnern bedanken, die uns diesen Sommer mit Rat und Tat zur
Seite standen. Ohne sie wäre das Buch wohl nicht zustande gekommen. Des Weiteren danken
wir allen Gartenfreunden für Tipps und Tricks. Unser Dank geht auch an die Gartennachbarn,
die uns ihre Gärten geöffnet und das Blitzlichtgewitter ohne Murren ertragen haben.

MEHR INSPIRATION BEIM GÄRTNERN

€ 19,95 (D)/€ 20,60 (A)
978-3-8310-2534-3

€ 19,95 (D)/€ 20,60 (A)
978-3-8310-2764-4

€ 12,95 (D)/€ 13,40 (A)
978-3-8310-2782-8

€ 16,95 (D)/€ 17,50 (A)
978-3-8310-3142-9

Weitere großartige Gartenbücher unter **www.dorlingkindersley.de**

 Penguin Random House

© Dorling Kindersley Verlag GmbH, München, 2017
Ein Unternehmen der
Penguin Random House Group
Alle Rechte vorbehalten

Fotos Matthias Gräser außer:
S. 10-19 DK Verlag
Technische Zeichnungen
Birte Gräser, Silke Decker
Lektorat Dorit Aurich
Gestaltung, Typografie, Realisation
Stephanie Dünhölter

Für den DK Verlag:
Programmleitung Monika Schlitzer
Redaktionsleitung Caren Hummel
Projektbetreuung Katharina May
Herstellungsleitung
Dorothee Whittaker
Herstellungskoordination
Katharina Schäfer
Herstellung
Christine Rühmer

ISBN 978-3-8310-3162-7

Repro
Farbsatz Neuried/München
Druck und Bindung
TBB Slowakei

 MIX
From responsible
sources
FSC® C022120

Besuchen Sie uns im Internet
www.dorlingkindersley.de

Hinweis
Die Informationen und Ratschläge in
diesem Buch sind von den Autoren
und vom Verlag sorgfältig erwogen
und geprüft, dennoch kann eine
Garantie nicht übernommen werden.
Eine Haftung der Autoren bzw. des
Verlags und seiner Beauftragten für
Personen-, Sach- und Vermögens-
schäden ist ausgeschlossen.